U0351703

古味风华录

打捞历史深处的饮食细节

王西平——著

九州出版社 JIUZHOUPRESS｜全国百佳图书出版单位

图书在版编目（CIP）数据

古味风华录：打捞历史深处的饮食细节 / 王西平著.
北京：九州出版社，2024. 8. -- ISBN 978-7-5225
-3177-9

Ⅰ. TS971.2

中国国家版本馆CIP数据核字第2024JB0079号

古味风华录：打捞历史深处的饮食细节

作　　者	王西平　著
责任编辑	赵晓彤
出版发行	九州出版社
地　　址	北京市西城区阜外大街甲 35 号（100037）
发行电话	(010) 68992190/3/5/6
网　　址	www.jiuzhoupress.com
印　　刷	鑫艺佳利（天津）印刷有限公司
开　　本	880 毫米 ×1230 毫米　32 开
印　　张	9.875
字　　数	230 千字
版　　次	2025 年 2 月第 1 版
印　　次	2025 年 2 月第 1 次印刷
书　　号	ISBN 978-7-5225-3177-9
定　　价	68.00 元

目　　录

第一辑　背影杀

李世民来到宁夏为滩羊打卡

大唐盛世,在饮食上兼容并蓄,羊肉得到普及,登上了唐人的餐桌。

唐太宗李世民既是一位雄才大略的政治家、军事家,同时也是一位超级吃货,尤其对羊肉情有独钟。不论是在宫廷里,还是御驾出行在外,他的金盖金托玉碗里,自然少不了上好的羊肉。

李世民每次出差,由军队众臣组成的仪仗队浩浩荡荡。出了皇宫,举手投足代表着天子的颜面,伙食自然也不能差,除了常规配备的白米、烧饼、馒头、酱菜外,还会携带大量牛羊。

644年,唐太宗亲自率兵讨伐高句丽,这一年,粮食、桑麻生产获得大丰收,军队粮草储备充足,但长途跋涉,运送是个问题。为了减轻运输军粮的辛苦,肉食爱好者唐太宗提议"多驱牛羊,以充军食"(《亲征高丽手诏》),此举赢得了随行众臣及唐军们的高度欢呼。

646年,李世民趁薛延陀部内乱之机,派出吃羊肉的精兵强将,与薛部在贺兰山下、黄河两岸展开了厮杀,大败薛延陀,威名震慑北疆。回纥、斛薛、拔野古等众多少数民族和部族,纷纷派使臣向长安示好。

李世民立刻下诏书:"诸部或来降附,或来归服,今不乘机,恐贻后悔,朕自当诣灵州招抚。"(《资治通鉴·唐纪》)大意是说,既然都想臣服于我大唐,何不抓住这一有利时机成全他们,免除后患。为此,他决定亲自来一趟在地缘政治上具有重大意义的宁夏灵州之行。

这一年的八月十日,一场突如其来的夜雨过后,凉风摇木槿,青槐夹两路,唐太宗一行赶上牛羊群从长安出发,沿泾水清爽北上。二十一日,到达泾州,从当地再筛选一批牛羊,继续出发。二十七日,穿越陇山,到达西瓦亭,即现在西吉葫芦河东岸的将台堡,游览秦长城,观摩边塞放牧,并亲自进围场狩猎,并以烹、煎、炸、煮、烤、炖等多种方式,品尝宁夏美味的牛羊肉。

初唐继隋以来,在宁夏六盘山地区设边地监牧,并随着帝国日益强盛,很快形成了强大的虹吸效应。众多民族纷纷归顺大唐,来到塞北聚居,如党项族由西部内迁至盐州、原州等地,"种落愈繁",盛极一时,宁夏中北部草原地带成了大牧场。

从规模来讲,羊的养殖在当时占据了主体。宁夏百姓听说太宗要来灵州,翘首以盼,希望好好品尝一下名扬四海的灵盐滩羊。

因连日奔波劳碌,李世民身体不适,在原州休养了一些时日,然后继续北上,经过现在的原州、同心、中卫、鸣沙、牛首山后,越过黄河,于九月十五日到达灵州,受到各部落首领、使节等数千人的隆重欢迎。他们纷纷表示,"愿得天至尊为奴等天可汗,子子孙孙常为天至尊奴,死无所恨"(《资治通鉴·唐纪》)。

他们承认唐太宗为天子,愿做唐朝的臣民。这话李世民听在耳里，甜在心中，当即设宴，款待回纥、拔野古、同罗、仆骨、多览葛、思结、阿跌、契丹、奚、浑、斛薛等铁勒十一姓少数民族首领。

虽说塞外比不上长安宫廷，也吃不了皇家酺宴，但来到宁夏，御膳大厨就地取材，土菜精做。

灵盐台地的滩羊自然成为宴席上的主角。

那么，1378年前的那桌招抚大宴上，到底有哪些美味佳肴呢？试想一下，按照当时宫廷饮食习俗，肯定少不了初唐流行的通花软牛肠，这道菜用羊骨髓加上其他辅料灌入牛肠，做成香肠一类的食品。髓，是宁夏羊的髓；肠，是宁夏牛的肠。咬一口，满口的宁夏味儿。

还有一种羊皮花丝，可能是羊胃肚丝，古书上没有记载烹制方法，只说"长及尺"，唐朝的一尺，约为现在的30.7厘米。这道菜皮脆肉嫩，清爽利口，风味独特。

除此之外，红羊枝杖肯定是最撑门面的主打菜了。这道菜要用四只羊蹄支撑羊的躯体，类似于现在的"烤全羊"。

虽说各少数民族首领天天吃牛羊肉，但像宫廷御厨这般匠心制作的美食，还是让他们大开眼界，大饱口福。

当然，他们也毕献方物，为李世民献出上好的"阿日里"，即马奶酒，同时，太宗第一次品尝到了灵州当地人配制的羊羔酒。

李世民在灵州亲自作诗记叙此次灵州事件："雪耻酬百王，除凶报千古。昔乘匹马去，今驱万乘来。近日毛虽暖，闻弦心已惊。"（李世民诗《句》）公卿大臣们请求在灵州刻石碑记事，太宗安排人采集贺兰原石，雇请灵州能工巧匠雕琢而成。

"塞外悲风切，交河冰已结……"十月初的塞上平原，寒气微薄，笳声呜咽，李世民在返程的车驾上写下了诗歌《饮马长城窟行》。

一行人沿着黄河北行，经磴口后东折抵达云中古城，随即南下从"秦直道"回到长安，行程近三千里。

也就是这个时候，灵盐台地的滩羊肉被带进了长安的御膳房，这得益于李世民的亲自打卡。

"冬，十月，己丑，上以幸灵州往还，冒寒疲顿，欲于岁前专事保摄。"（《资治通鉴·唐纪》）回到长安，长孙皇后为了调理李世民长途奔波后的疲累身体，蕙质兰心的她向司膳房女官学习膳食医理，以宁夏枸杞和塞上灵盐台地滩羊为主料，熬制出一碗养分十足的羊肉汤，肉质鲜滑、醇香可口，令李世民生龙活虎、矫健勃勃。

647年，李世民再次诏各部落酋长，赐金银缯帛及锦袍，"敕勒大喜，捧戴欢呼拜舞，宛转尘中"（《资治通鉴·唐纪》）。

当时，李世民在天成殿摆宴，设十部乐而遣之，这十部乐中，既有中原传统的清商乐、燕乐，也有胡夷之乐的西凉乐、龟兹乐、康国乐等，均由他随身带的乐舞天团——"后部鼓吹"乐队演奏。

诸酋长受到太宗优待，除了称赞大唐的羊肉好吃，还纷纷称臣："我等既然作为大唐顺民，来到京城皇宫，便如同拜望父母一样，请求在回纥南部与突厥以北地区开辟一条通道，起名为参天可汗道，设置六十八驿，各有马匹及酒肉以供过路人享用，我们每年进贡貂皮以充作租赋，仍然延请能做文章的人，让他们上表奏疏。"

各少数民族请求太宗开通参天可汗道，并为各驿站提供马匹及牛羊肉酒食。其中宁夏盐州境内常设有盐池驿、石沟驿、萌城驿、递运所等驿所，一些商旅团队，他们赶着驴队，来到宁夏，带着上好的裘皮以及精心购置的羊匹肉食，沿着参天可汗道，直奔长安都城……

传花饮茗与荷花酒筵

宴席上增添一些小游戏，会使得饭香人欢。古人深谙此道，为此不遗余力求新求奇。

比如传花这种游戏，浙江湖州人就很早地运用在了宴饮场上。

不过传花的源头还得从唐代诗僧释皎然说起。此人是吴兴今湖州（今属浙江）人，俗姓谢，系南朝谢灵运第十世孙。平日里喜欢喝茶，喝着喝着，就喝出了境界，写了大量的茶诗，悟出了不少茶道。他40多岁的时候遇到了后来与自己形影不离的好朋友，那就是大名鼎鼎的茶圣陆羽。皎然比陆先生年长十多岁，是陆的启蒙人。

释皎然在禅宗茶道上的贡献具有鼻祖式的意义。同时，他还创造了一种品茶传花的小游戏，即传花饮茗。当时在湖州非常盛行，尤其每当文人开"花会"时，大伙儿一边喝着茶，一边搞诗歌大联唱，同时还请一些颜值担当的"网红"弹琴起舞助兴。

有意思的是，正当你埋头品茶时，有一种类似于曲水流觞式的小游戏已经在席间悄然开启，原来饮茗传花开始了。传到谁手里，谁就得站起来即兴作诗，当众吟唱。就这样，一个传一个，从白天到黑夜，这游戏没完没了地玩，唱诗的乐声也不绝于耳。

怪不得诗人陆士修在湖州混了颜真卿、皎然组的场子后，说了一句："素瓷传静夜，芳气满闲轩。"瞧，都夜深人静了，这帮文人骚客还在传花花……

释皎然也曾在《晦夜李侍御萼宅集招潘述、汤衡、海上人饮茶赋》中描述了当年传花饮茗的情景："晦夜不生月，琴轩犹为开。墙东隐者在，淇上逸僧来。茗爱传花饮，诗看卷素裁。风流高此会，晓景屡裴回。"

那么，问题来了，皎然传花饮茗，传的是花吗？非也。据说当时在茶席上传的是壶，是一种白花瓷茶壶，也就是陆士修所说的"素瓷"。

这种游戏到了宋代，壶便换成了真正的花。宋朝刚开国，为了避免中晚唐藩镇割据的乱象，宋太祖采取了重文抑武的方针政策。一时间，游宴享乐成为文人士大夫的新风尚。

宋代有个大学者叫叶梦得，此人是苏州人，早年在外做官，晚年长时间住在湖州卞山脚下，写了《避暑录话》一书，书中记载了欧阳修主持"荷花酒筵"的情景：

> 欧阳文忠公在扬州作平山堂，壮丽为淮南第一。上据蜀冈，下临江南，数百里真、润、金陵三州，隐隐若可见。公每暑时，辄凌晨携客往游，遣人走邵伯取荷花千余朵，以画盆分插百许盆与客相间。遇酒行，即遣妓取一花传客，以次摘其叶，尽处则饮酒。往往侵夜载月而归。

这段话的意思是说，欧阳修在扬州有一座名为平山堂的私人会所，堪称"淮南第一堂"。每年欧阳先生会携文人骚客在此避暑。宴饮游乐之余，他会令歌妓从邵伯湖采来荷花，让宾客们依次剥花叶，每人每次只能剥一片，待花叶全被剥光之时落在谁手里，谁就要认罚酒一杯。与释皎然发明的传花饮茗不同，这种玩法不用作诗吟唱，却也众人欢宴，迷恋传花，"往往侵夜载月而归"。

类似的场景宋代诗论家、词人葛立方在他的《韵语阳秋》一书也有描述："欧公在扬州，暑月会客，取荷花千朵插画盆中，围绕坐席。又命坐客传花，人摘一叶，尽处饮以酒。"

欧阳修在《答通判吕太博》中也提到了传花游戏："千顷芙蕖盖水平，扬州太守旧多情。画盆围处花光合，红袖传来酒令行。舞踏落晖留醉客，歌迟檀板换新声。如今寂寞西湖上，雨后无人看落英。"

叶梦得与葛立方是同代人，而且有过交际。二人都写到了欧阳修太守宴上传花的情景，而且笔法相似。考虑到叶梦得年长，且与葛立方的父亲，时任湖州知州的葛胜仲是密友，想必是葛立方受到了叶梦得《避暑录话》一书的启发。

不论是传花饮茗还是荷花酒筵，往事越千年，到了现代人的饭桌上，已经演变成为名目繁多的"超嗨游戏"，往往一圈游戏下来，人们醉醺醺、晕乎乎，哪有什么斯文可言呢！

花样百出的文人聚餐

与那些高墙深院里等级森严的会食制度相比，文人雅士聚餐就显得清新雅致多了，谁也不用背负着仁义礼教等种种责任，避开君王传唤，不怕上级压榨、同事诬陷，更不用三拜九叩屈膝跪地，管它个"隔壁老王"还是"邻舍老六"，倘若馋了酒食，约三五好友，骑上驴儿远游于山野，找一间草堂，哥们弟兄见了面至多作个揖打个拱，一屁股坐下来，琴、棋、书、画、诗、酒、花、茶样样来一遍，临末，山居老叟、村野乡妹端上一盘野味，一壶老酒，围炉而坐，举箸会食，天地大美，岁月静好。

话说这唐代宗大历年间进士郑余庆是出了名的清俭，官居要职五十年，极力推崇儒家学说，《旧唐书》记载"禄赐所得，分给亲党，其家颇类寒素"，有什么好东西，他舍得分给别人，他自己家非常清贫，要让他自己掏腰包请客吃饭，那太难了。

有一次，郑大人忽然邀请数位亲朋官友来家会食，大伙儿无比惊讶，于是早早赶到郑府。不料郑余庆只顾着与左右寒暄，不见饭菜，连茶水也不倒。一直等到红日高照了，他才呼唤仆人："去！吩咐厨房，烂蒸去毛，千万不要拗折脖颈！"众人相视一笑，以为一定是鹅鸭之类的高级大餐。但等到上菜时，只有一碗米饭，一盂蒸葫芦，一碟酱醋。众人顿时傻了眼，尝尝，味道实在不怎么样……可郑余庆却吃得津津有味。后人便用"烂蒸葫芦"表示饭食粗劣，也比喻生活俭朴。

再说大吃家苏轼，交游大江南北，天上飞的地上跑的水里游的，没有他不敢尝的，即使遇到可能有毒的食材，他也不惜代价搞来一尝。《邵氏闻见后录》卷三十载："经筵官会食资善堂，东坡盛称河豚之美。吕元明问其味。曰：'直那一死。'"元祐元年九月十二日，苏轼被任命为翰林学士，次年二月，兼任经筵侍读，给小皇帝赵煦当老师，因此伙食自然不会差。一次，与同事会食于资善堂，东坡第一次吃到河豚并晒到了朋友圈，有人问其味道如何，他说"值得一死"，言外之意，老子就算被毒死也要吃。大概没有比这更凄美的赞誉了。

人们对欧阳修的饮食观念，来源于那篇传世名作《醉翁亭记》："临溪而渔，溪深而鱼肥，酿泉为酒，泉香而酒洌，山肴野蔌，杂然而前陈者，太守宴也。宴酣之乐，非丝非竹，射者中，弈者胜，觥筹交错，起坐而喧哗者，众宾欢也。"

当时作为最高政务长官之一的欧阳修被贬出京，来到滁州任知州（太守，地级市市长），持政之余呼朋唤友来到琅琊山，捉鱼摸虾，射鸟猎兔，采摘山果野菜，并来到琅琊寺品享"太守宴"，围席而坐，推杯换盏，吟诗作对，性情之下捉笔吟诵，赋亭记一文。

宋至和元年（1054 年），欧阳修又遭人诬陷，宋仁宗明里将其贬之，暗里又保护他，安排欧阳修以翰林学士身份修撰史书。没有了俗事侵扰，工作之余欧阳先生更加沉浸于各类雅集。这年冬天，他突然感觉"岁晚忽不乐"，感于"百年才几时，一笑得亦艰"，于是邀请韩绛、刘敞在家中会饮、唱诗，郁闷的情绪得到了释放。

此后，他经常组饭局。1055年的一天，梅尧臣、刘敞、韩维、王安石、苏洵、刘攽等社会名流至欧阳修家中会食，其间有滁人送欧阳修白兔一只，他当场写下了《白兔诗》一首。其他几人在欧阳先生的要求下，也都写了关于白兔的同题诗。

同样是这一年，有一次他与梅尧臣、王洙、范镇在唐书局举行会食。秋天，又一次在家中招待几位老友，王安石、苏舜钦、梅尧臣、王平甫（王安石弟弟）、苏洵、姚子张、焦伯强等七人在场。

这年冬天，宋仁宗派欧阳修到契丹国贺新君登位，路途遥远、艰辛、孤寂，"斫冰烧酒赤，冻脸缕霜红"。即使到了契丹领略了当地人的饮食习风，但他还是时时想起在家会食的美好日子，"客梦方在家，角声已催晓""少贪梦里还家乐，早起前山路正长"。

自古以来，吃什么、怎么吃，是一门学问；和谁一起吃，则是一种修为。

最早记录满汉全席食单的清代戏曲作家李斗在这方面体悟最为深刻，他说："惟不能与贪眠者会食，一失其时，残杯冷炙，绝无风味。"（《扬州画舫录·小秦淮录》）一些清代雅士在交游会食时，过度思量，以至于行止偏颇，清代笔记《耳书》中有一位叫边仲奇的人，他不愿意自己的饮食跟别人一样，在家吃饭经常一个人吃。偶尔和别人一起会食，不喜欢听人称赞食物。"人曰：鱼美，遂不食其鱼；曰：肉美，遂不食其肉；倘曰：皆美，则投箸而起。其好为矫异如此。"如果别人说鱼好吃，他就不吃鱼；说肉好吃，他就不吃肉；如果有人说都好吃，他扔下筷子就走。真矫情。用现在的话说，强迫症，"杠精"一枚。和此人吃饭，多数人会疯掉。

但凡文人都是有点脾气的，一旦与共事的人处不来，也会影响胃口。

清代江苏上元学者蒋师辙于光绪八年（1882 年）应台湾巡抚邵友濂邀请修通志，然而因与志局领导陈文骢不合，只待了半年就返回了。关于蒋陈二人"有所龃龉"之事，在蒋师辙《台游日记》有关会食情景的记载中，可以找到陈为蒋设绊的蛛丝马迹。比如有一日，"午餐，饭秒且饐，下喉欲欧。"志局的饭菜不卫生，且腐败发臭，难以下咽，蒋先生婉言提醒厨师应当"稍慎其事"，不料厨师突然发怒，称蒋多管闲事。蒋师辙无可奈何一笑了之，甩下一句"市侩不解礼宾之意"愤然离去。当天晚上，他干脆不去食堂吃了，一个人坐在书斋里，以茶代羹，佐以豆豉……

靖康北狩饮食寝兴录

　　凡是了解历史的人都知道，宋徽宗、宋钦宗在"靖康之变"后，由锦衣玉食的大国皇帝沦为金国的俘虏。

　　关于这段历史，《大宋宣和遗事》《靖康稗史》《北狩见闻录》《北狩日记》《徽钦北徙录》《靖康纪闻》《南渡录》《呻吟语笺证》《孤臣泣血录》《靖康传信录》《靖康纪闻拾遗》《靖炎两朝见闻录》《南烬纪闻》等中均有记载，《三朝北盟会编》引用"北狩事件"大约200种，包括官方诏令、私家笔记、章奏、墓志铭以及102种野史，数量之大，令人叹为观止，但多数有浮夸丑化和恶意侮辱之嫌。

　　相比之下，《北狩行录》的记述则更为详尽可信，被学界一致认定"可资异闻"，尤其在日常生活方面的描写，值得品咂，令人唏嘘。《北狩行录》的作者蔡鞗是北宋蔡京的儿子，驸马都尉，也就是宋徽宗的女婿。二帝被俘，此人一并被金人"打包"带到五国城，所以他见证了"北狩"全程。

　　本文就蔡鞗版本《北狩行录》，对北狩过程中的时间轴进行爬梳，重点叙述徽钦二帝从东京（今开封）被俘北上抵达安肃军，再陆续到云州、西江州、五国城、筠从州、源昌州，再从源昌州迁到鹿州、寿州、檀州（今北京密云），最后到达燕京，一路长途跋涉中的种种生活际遇及饮食寝兴情况。

靖康元年（1126 年）

闰十一月

靖康元年闰十一月丙辰日（1127 年 1 月 9 日），金国神军攻陷了宋朝首都东京。一个星期后，宋钦宗赵桓扛不住了，脱去龙袍，投降金国，成为俘虏。

靖康二年（1127 年）

正月

靖康二年正月，阴雨连日，山河呜咽，城陷两月，民不聊生，薪炭缺乏，米价上扬，路有饿死骨数以千计，老百姓家家愁苦，只好捉来猫鼠食之，"甚者杂以人肉，如鼓皮、马甲、皮筒皆煎烁食用"。穷人如此，那些士大夫豪绅们也吃起了花、树皮、浮萍、蔓草之类，日子也不好过。

三月十八日

金兵在都城烧杀掠抢之后开始撤退。

徽钦两帝，包括皇后及亲王、皇孙、驸马、公主、妃嫔及宗室贵戚男丁妇女共数千人被押解出东京，向北行十余里，路旁有百姓拦住他们的车马，流着泪说："皇帝父子北去，我等百姓，何日见太平？"并且为他们奉上饭羹。两帝与众人分吃，却感觉这饭菜粗粝不能下咽。不能吃也得吃，谁知苦日子还在后面啊。

钦宗向百姓询问："我母亲心腹疼病，谁家有汤药？"人群中有人找来炒盐，煎而饮之，腹痛愈。

当日，阴云四垂，有抱负的文人士子愁苦忧愤，纷纷捉笔赋诗。当天北行三十里，晚上投宿一荒芜之处，金人生火烹煎羊肉粥，完全不顾徽钦两帝的死活。

一连十来天，他们一直在荒野中行走。金人监押者在马背吃肉喝酒，或"取火煨啖"。二帝只能靠他们吃剩的食物勉强充饥。这个时候，谁能说老百姓的饭菜粗粝难咽啊。

这一年，钦帝二十七岁，徽帝四十五岁。

六月十二日

六月十二日，北狩人马到达安肃军（今河北徐水县），至一官府衙署，当地一长官命一小公务人员将二帝带到一间小屋歇脚，并送来了粟米饭浆。

六月十四日

十四日，安肃军同知派人将二帝请到自己门下，外户锁闭，门外有监侍者十余人，每天三顿饭，不是粗粟，就是米汤水。有人开始扛不住了，钦宗赵桓的皇后朱琏生病，躺在地上，呻吟不止……二十六岁的朱后，正值风华绰约，不料后来在北徙的途中，不堪金人调戏污辱，投水自尽。悲夫！"事何可说，恨何可雪"啊。

六月十八日

十八日，没什么可吃的，赵佶父子只能吃监牢里的水饭。所谓水饭，无非就是凉水泡粗饭。

八月十七日

徙居云州（今山西大同）。有绿衣吏手持钥匙开门，喊二帝出来，说："大金皇帝赦汝罪，叫汝再往燕京，可出谢恩。"二帝出囚闭之所后朝北拜谢，然后被绿衣吏带到一小室中。此后，每天"饭一木器，浆一木瓶"。北方的天气越来越凉，帝后吃了这样的冷水饭时常拉肚子，真是愁苦不堪。

十月初三日

十月初三，金国的"放偷日"，意思是小偷随便拿东西，官法不禁。这天，有几位穿黄衣的人，为二帝送来吃食，看上去像是馎饦，用肉和米合煎而成，是宋人比较流行的一种吃法。王安石有诗曰："嗟我衣冠朝，略能具馎饦。"宋代哲学家李觏说："牵挛坐卧满府舍，赋以酒饮加馎饦。"可见，能吃到馎饦，也算是改善生活了。帝满腹狐疑地问监押主管阿计替："此食何来？"对方答曰："此地风俗，无他善事，惟设粥以饲禁囚者，与斋僧同功，故今日有人设此粥也。"帝又问："是谁家？"阿计替曰："此亦是韦夫人家也。"这里提到的韦夫人是指韦贤妃，原本是赵佶的妃嫔、赵构的母亲。《南渡录》《窃愤录》《南烬纪闻》等书记载，韦氏被俘后改嫁盖天大王完颜宗贤，被迫"肉袒"，其实就是充当军妓。大宋王国，颜面扫地。

建炎二年（1128 年）

三月

出云州，往西江州方向走。

行三四日，忽逢一列骑兵，首领穿一身紫衣，驻军下马取水吃干粮。说他是大宋汉臣，名周忠，过去为陛下效劳，宋夏交战时兵败被掳，降西夏。后来在抗金援契丹期间又被金国所掳，再降之。现为金国统管。随后又说了一些安慰二帝的话，临走前"不忍见陛下"，留下了一些肉干。

又行十余日，到达西江州。

本以为是繁花似锦，入城后才发现这里"篱落疏旷，杳无人迹"。仅有几间房屋皆颓废倾倒。在这鸟不拉屎的地方，二帝及太后不敢出入，也没地方走动。饮食越来越差，每日只供一餐，"皆粗粝不堪充口"。他们多么怀念大宋宫廷御膳房里的烧羊肉啊。

七月五日

阿计替与二帝闲聊，问想不想在京都过七夕的日子，二帝感叹道："到此地位，那复想当日耶！"正说着，忽见一群士兵，喊声震天。阿计替冲了出去，一会便持刀进来，吓坏了二帝及太后。阿计替从帝所居室揪出一个小番奴，当场割下了头。帝问为什么要杀人？阿计替说，按照大金国的习俗，七月七日要祭神，

"预于暗处藏伏一人，然后领兵佯为捉获，斩首以祭为上祀，以其身为中祀，以羊为下祀。"祀毕，将人与羊一并放入锅中煮熟后分发众人吃掉，名曰"布福"。

又一日

秋风遍起，冷气逼人，阿计替替二帝射下一只大雁，野味难寻啊，吃了吧，于是"取草茅杂木爇火，破雁炙而分食之"。

又一日

天气晴明，风和日暖，阿计替心情大好，于是端上一杯羊奶让二帝喝。因不习惯羊奶的乳腥味儿，二帝远远闻见就想呕吐。但阿计替诚意满满，于是二帝只好勉强饮之。

建炎三年（1129 年）

二月二十七日

一早，阿计替带领二帝及护卫六七十人从西江州出发，十天后到达五国城下。

五国城，据史料记载，辽灭渤海后，生女真人在松花江沿岸直至乌苏里江口，建立了五个部落联盟，史称"五国部"，即今黑龙江省依兰县依兰镇五国城遗址。这里当时与西江州的景况相似，荒残不堪，据说囚禁过黑水吐蕃奚国酋长，选择这个地方，看来金主是刻意设计的。

《北狩行录》中记述徽钦二帝的生活，非常值得玩味。

二帝被囚禁在官府衙署里，听上去高大上，其实房屋及庭院已经破败。一天一顿餐，伙食极其粗糙。

一年中，只有金主过生日那天，他们才能吃到酒肉。七月七日祭神那天，也能吃到酒肉。

话说金主生日那天，三位番人坐在堂上饮酒，说是老大过生日，赐他们酒食。高兴之余，还将吃剩的酒食分给二位帝王吃，不料中原汉人根本吃不惯番人的饭菜，刚入口就吐了。问过阿计替，才知道二帝吃的是"蜜浸羊马肠"，被金人称为"贵人珍味"。

又一日

女儿被金人糟践至死后，徽宗伤心至极，就把衣服拧成条，搭在房梁上上吊，被儿子及时发现救下后开始绝食，身体渐渐消瘦，"旦夕卧土室中"，一病就是俩月。阿计替担心徽宗这么大的"政治筹码"死在这里，于是找来拨云木煎成汤，并说："此间无药物，有患疾者，将木煎汤，饮之即愈。"果然，徽宗饮下后舒服了很多。何为拨云木？据阿计替介绍，这种木看上去像枯杨，从地下挖出，无蒂无叶。当地人还用此木占吉凶。

徽宗共有三十四个女儿，这里提到的应该是十九女儿赵缨络。靖康之变时缨络十七岁，之后被完颜宗翰所占，后去五国城，又被金东路都统习古国王按打曷所拘，并很快死于按打曷寨中。

又一日

天气极为寒冷，天空下起了冰雹，足有鸡蛋那么大，一眨眼的工夫，地上便覆上了厚厚一层，"百鸟皆被打死"。当天晚上，阿计替得了重病，牙关紧闭，口不能张开，且昏迷不醒。虽说只是个监押主管，但阿计替此人并不坏，一路上对二帝等人也有照顾，何况在徽宗卧病两月期间，主动献上药材，也算是救人一命。想到这里，徽钦二人有点替他担忧，于是也依照阿计替的做法，以拨云木煎汤，阿计替喝完汤药，"汗出如雨，即日平复"。

又一日

阿计替老婆生孩子，徽钦用同样的方法煎拨云木汤，饮后母子平安。七日后，"复以拨云木为末，作艾丸状灸顶心，云去灾疾"。看来拨云木也有艾灸般的功效。有了心与心的交换。又一日，天下大雪，二帝爬在土坑中，受风寒，腹痛不止，"阿计替仍用拨云木煎汤饮之，久渐痊可矣"。又一日，狂风大作，天空中飘起了稗草籽，大如豆，"满地厚数寸，人取磨而食之"。

补注：《说岳全传》描述徽钦父子在五国城的生活，用"坐井观天"来形容。但按照蔡絛记载，他们在五城国的日子比较闲适：亲自耕种粮食和蔬菜，养殖，时有羊肉及野物可吃。"刘定宰羊不如法"，还配有专职厨师。后妃还给徽帝生起了娃，精神上也较为富足。宋徽宗的"文艺病"也犯了，时常读书吟诗，"太上好学不倦，移晷忘食"，甚至重操旧笔，描花摹鸟，练起了他的瘦金体。徽宗生性慈悲，在五国城期间，鱼也不吃，"每闻有捕网者，必买而释之"。

绍兴五年（1135 年）

二月某日

绍兴元年（1131 年）至绍兴八年（1138 年），宋金一直处于谈判状态。

绍兴，南宋开国皇帝宋高宗的第二个也是最后一个年号。

然而 1135 年的二月，北方乍暖还寒，草木尚未抽绿。一天，有使者将二帝喊出来，说大金王国新君继位已有两年，南宋已灭，赵构被捉，扣押在燕京，现将你们押往西边的筠从州安置。金人撒谎打诳语，显然是在玩政治手段。他们想让钦宗做傀儡，好与南宋谈判交涉。可那时信息闭塞，何况作为囚徒，谁能批驳金人说的话是真是伪呢。

就这样，宋徽宗父子被押往筠从州，此去又五百里，路途险恶，接下来命运如何仍是个未知数。

又一日

途中见有二十余只野鸡飞上飞下，争鸣不止，一看，原来在啄一条死蛇。那蛇青碧色，无鳞，约有七八尺长的样子，已残缺不全。令人愕然的是，野鸡啄完蛇肉后，又自相残杀，最终死掉十余只。胜利者为一只高大威猛的大鸡。一位看上去约四十岁的随行番人，是个好事者，见状抢起大刀砍去，大鸡脑袋瞬间落地。"食其首，饮其血"，番人"骨肉迸裂，腹背开张，手所持刀不堕如生，俄自地升天，冉冉而去"。同行众人见此魔幻一景，惊骇不已，不知何故。

呜呼，争食恶果，必有恶报。是这个道理吧。

很显然，这是一个隐喻，蔡鞗采用了文学手法，旨在影射又似乎预兆着徽宗的死亡。

又一日

见有数十位番奴，牵着两头牛，牛背上坐着一男一女，只是这对男女的人头均被砍断，流血满身，一问，才知是在祭神。突然一群人拥至官庭下，鸣金鼓，舞刀剑。一位酋长拜跪在地，喃喃自语，说些什么都听不清。一会儿，牛背上的男女被取下，尸肉剁碎，又杀一牛，亦碎其肉，人肉牛肉搅和在一起放入土坑中。

这个时候，屋顶一声雷响，只见一群浑身长满细毛的小孩，顺着梁柱滑下，手持弓箭跳进坑中争食血肉。食完，边唱边跳到二帝前，拜伏于地，这让胡人大吃一惊。二帝赶紧避让，小毛孩又顺着梁柱升到屋顶，隐匿不见。

帝问阿计替，这到底是怎么回事？对方回答，说这是筠从州当地人在祭拜土神，意在祈福。每年举行两次，通常用人牛作祭品。神灵高兴了，会风调雨顺，倘若不开心，会大发雷霆，射杀民众，"吸其血，并嚼其肌"。今天祭祀过程中神灵突然拜伏徽钦二人，多少有点蹊跷。

这恐怕又是一个隐喻，言外之意，连如此难以驯服的神灵，见了二位帝爷都要跪拜，你等无良金人，快快放人走！

又一日

有一人端了一只碗进来，说："此筠从州所产之米稻也。"一看，碗中稻米坚硬如麦，咬一口，裂出三仁。起初食用几日，会拉肚子，时间久了还好点。然而徽宗吃完后手足软弱，不能动弹。献稻人说：这种稻米长在沙碛中，像芦苇，高五六尺，结穗后产量高出二三倍。外有黑壳，用木棒敲开，取里面的米仁煮熟可食。神奇的不止这些。当地还有一种茶郁树，高五七尺，叶子像南方橙橘，紫色，叶背有四点黄色，"开碧花七八瓣，结实如拳"，吃起来香甜如蜜。献稻人还说，这里还有一种草，长得如蒿似茹，取城北石坑中的水调之如油，可作为燃料做成火把，或以石坑水浇之，明亮如烛。我猜测这里提到的石坑水，估计为浅地表的石油。

八、九月

自从目睹了那些血祭场面，宋徽宗日日受病痛困扰，一连七八日说不出话来。加之路途遥远，迁徙艰难，并无药物治疗，如何是好？据说当地土人生病了，通常将茶郁树皮剥下来熬煮吃下，效果不错。钦宗如法炮制，但老爹热气上火，喉间生疮，吃东西时被噎着，不能进食，唉，搞得大家都困惫不堪。看来徽宗气数将尽。

又一日

筠从州街市上来了一群称为"寻梅部"的商人，共有六七十人，身穿裘衣，他们手中的货物当地人从来没有见过。这些人生性放诞，"饮羊血以为酒，食生牛皮如嚼藕蔗"。

宋绍兴六年（1136 年）

正月十八日

早晨，钦宗去土坑探视老爹，发现"僵踞死矣"，徽宗已经去世。

钦宗神魂俱失，号啕大哭，痛不欲生。阿计替再三劝勉抚慰，并说就地掩埋，然后把情况向金主奏明。土人却说当地没有葬埋的习俗，人凡死后必用火烧尸体半焦状，然后抛进石坑，炼成水油点灯。话音刚落，便有数人进屋，抬起徽宗的尸体便走……

一个杰出的书画家，就这样死了，肉身化为灯油！

关于宋徽宗的死，《宋史》记载："绍兴五年四月甲子，崩于五国城，年五十有四。"也就是说，比蔡絛记录的早一年死于五国城。《永乐大典》有两篇辛弃疾的文章，《窃愤录》《窃愤续录》中记载，徽宗并非死于五国城，而是死前被迁到筠从州。

春日　从筠从州去往源昌州

徽宗死后，一日，接到金太宗指示："移赵桓往源昌州安置。"

第二天，押解人马离开筠从州，往西南方向而行。这时候，随行的人死亡众多，只剩下十三人。

老爹就这样不明不白地魂归荒野，钦宗举目无亲，心力交瘁，悲泣不止。

早晚用餐，以随身携带的干粮充饥。

好在一路平坦，路边开满了青白色的野花，昂首绽放，娇妍芬芳。

时近四月，天气晴和，日朗风清。

漫山遍野，狐兔奔逸，一不小心，偶有误撞在坡下大石上折颈而死，众人纷纷捡来，敲石取火，用干枯的野草煨熟食之。

十二月初　从源昌州转赴燕京

一转眼到了冬天。十二月初天下大雪，厚积数寸。新奇的一幕又上演了：雪地上有两只死狐，群鸟争啄，"狐肉既尽，群鸟悉化为鼠，走入雪中不复见。其变未全者，犹是鼠首鸟翼，宛转雪中"。队列中有见识的人说，不论是鸟还是其他动物，只要雪天吃死狐，都会化鼠，能穴地百丈。

又一日

荒滩中见有几头狼，窜入林中争食一只死狐。"忽见天际落一大雁，虎首锯牙长爪，翅广三十尺余，尾亦如虎，两足各挈一狼，腾空而去，目若两灯炬。"有见识的人说，这种鹰名叫虎鹰，别说是狼了，牛马羊猪都能给你叼到天上去。

又一日

常行沙碛中，宋钦宗脚底出血，疼痛难忍，不能前行。舍蔑紫拿刀割去烂肉，告诉他们，若有毒虫钻入肉内，再不割掉的话，时间久了恐怕连整个脚都会溃烂。舍蔑紫，估计是金兵中押解之人。

又一日

行至鹿水，水中有紫色螺，大如斗，土人取食之。也有紫色的鱼，生有二足，看上去像凫鸥，渔人用尖竿捕刺，生吃。岸边长满了黑色的蒲草，质性柔韧，被当地人割去用以织布。

宋绍兴三十年（1160年）

春日

金主完颜亮主政后，野心勃勃，欲灭南宋。

他做的第一件事就是想办法弄死宋钦宗。先是将赵桓关在元帅府的左厢院，其实就是监狱，对他"拘执如囚状，饮食顿粗恶"。

当年春日，在燕京国都大摆宴席，酒后，完颜亮以射击球的名义，派人先是射杀了辽国末代皇帝耶律延禧。钦宗看到吓得掉下马来，被乱箭射死，最终"弃诸尸于野水中"。

一代昏君，就此殒命。时年六十岁！过山车式的一生，一半在囚禁中度过。

"天水郡公昨以风疾身故。"（完颜亮语）当然，史书上还有一种说法：宋钦宗很可能是死于中风。

不管怎么说，金人隐瞒了宋钦宗的死讯，并依旧拿一个"死人"作为与南宋讨价还价的筹码。

后记

以上内容为粗略梳理。专挑饮食寝兴类，微探徽钦父子流亡之苦，也有利于了解当时的风土人情。其时各地土民，北方番人、胡人的一些吃法至今早已随日月散失，比如被视为珍味的蜜浸羊马肠，还有一些吃法，则过度血腥，比如"寻梅部"商人喝羊血酒、生吃牛皮，筠从州土夫食人肉等行径，至今读来，令人骇然。

关于徽钦二帝北狩的故事，历来各书记叙颇为富足，也不同程度涉猎一些吃食。比如曹勋版的《北狩见闻录》记载二帝被押解出京那天，老百姓有送鸡、兔、鱼、肉及酒、果等，徽宗哪有心情领受，统统以有病为由在车中拒绝了。再如过尧山县，徽宗苦渴难耐，于是摘食道旁的桑葚食之，并说："当年我在藩邸时，曾吃过几枚桑葚，味道甜美，至今难忘，如今再食，已经不是那个味儿了！"再如过了浚州，有老百姓卖食物，知是大宋徽帝，纷纷"尽以炊饼、藕菜之类上进"，分文不收。

押解人马一路前行，每到水源处，就打柴做饭。在曹勋的笔下，虽说行路艰难，但伙食似乎不错，旅途中还能领到食粮，而且还有羊肉可吃："徽庙与显肃皇后共破一羊，粟一斗。诸王、帝姬及阁分，或四位破一羊，或六位破一羊；米则计口，人给二升。"

宋代人是如何豪吃海喝的

要论吃，以文养国的宋代人在吃的修行上最为精进。

《东京梦华录》中谈到"创城"效果："凡百所卖饮食之人，装鲜净盘盒器皿，车檐动使奇巧，可爱食味和羹，不敢草略。"即使街边小摊，卫生打理得杠杠的，足显京都平民的匠心。

古代官僚人文知识分子也特别讲究，最典型的要数苏东坡了。

瞧他是怎么满足舌尖之欲的。

"烂蒸同州羊羔，灌以杏酪，食之以匕不以箸；南都麦心面，作槐芽温淘，糁以襄邑抹猪，炊共城香粳，荐以蒸子鹅；吴兴庖人斫松江鲙。既饱，以庐山康王谷廉泉，烹曾坑斗品茶。"（《东坡志林》）

羊羔肉是宋人餐桌上当仁不让的头道菜，吃法也很多，最化境的吃法如东坡先生所述，蒸好的羊肉浇上杏仁粥。宋人范成大在《雪寒围炉小集》一诗中也有描述："高饤膻根浇杏酪，旋融雪汁煮松风。"想象一下，大冬天，一群文人骚客围坐在餐桌前，人人手里握着一把长柄勺，盯着锅里咕咚咕咚烂蒸的同州羊肉，个个眼睛放绿光。同州，即今陕西渭南市大荔县，宋时黄、洛、渭三水滋养的同州羊肉，因品质上好成为宋代商贾士子的偏好。

除此之外，在东坡这道菜谱里，面食、猪肉、鱼鹅等，均有精道的烹法。吃饱了，最后再品一轮山泉茶，化红尘浊世为澄明。

相比平民和精英，皇帝的一日三餐更加高级了。其中羊肉是三餐中必不可少的。（宋代百姓是很难吃到这些高级食材的，否则就不会有"挂羊头卖狗肉"之说。）

据宋人蔡绦《铁围山丛谈》记载："开宝末，吴越王钱俶始来朝。垂至，太祖谓大官：'钱王，浙人也……宜创作南食一二以燕衎之。'于是大官仓卒被命，一夕取羊为醢，以献焉，因号旋鲊。至今大宴，首荐是味，为本朝故事。"宋太祖是北方人，吃羊肉习惯大快朵颐，然吴越王来东京国事访问，心细的太祖给主管宫宴的行政总厨交代，一定得按南人的饮食口味准备上一两道菜。于是，总厨连夜现宰现做，将新鲜的羊肉做成鲜肉酱，即旋鲊。蔡绦没有写这道菜的做法，综合《事林广记》《齐民要术》等书中描述，烹饪方法大致如下：精选羊肉一斤左右，切丝，加盐、曲末菜、马芹、葱、姜少许，一捧米饭，浇上温热的酸浆水，拌匀后放入土瓮中封严，盖上箬叶，加热后即可食用。曲末菜应该起到去腥的作用，因此也可以用好酒来代替。加热的方法从北魏到南宋各尽不同，如果吃慢食，将土瓮置于户外日晒，如果吃快食，则用柴火煨，或用牛粪加温。口味清酸香醇。

宋仁宗特别喜欢吃烧羊，"昨夕因不寐而甚饥，思食烧羊"（魏秦《东轩笔录》），这里的烧羊，即烤全羊。瞧，皇帝一天不吃烧羊晚上就会失眠。宫廷上下，都受皇上影响，兴起食羊风潮，三宫六院日宰羊二百八十只，一年十万余只，食量吓人。到了神宗时代，这个纪录又被打破了。据《宋会要辑稿》记载，皇宫一年羊肉的消耗量为"四十三万四千四百六十三斤四两，常支羊羔儿一十九口"。宋孝宗时，将鼎煮羊羔、胡椒醋羊头以及被孝宗赞为"甚美"的坑羊炮饭搬上了国宴，都是为了招待他的讲读老师胡铨。一直到南宋，国势锐减，但宫廷吃羊肉的风气犹存，皇后依然可以享受"中宫内膳，日供一羊"的待遇。

宋高宗是个大书法家，一幅墨本长卷《洛神赋》写得荡气回肠，当然，他也是个不折不扣的吃主。宋朝有个抗金名将叫宗泽，经常把家乡的猪腿用盐腌制后，托人捎到临安。这事肯定瞒不过高宗那张嘴，宗泽主动拎着金灿灿的猪腿献给皇上。宋高宗尝过后赞不绝口，并赐名为"金华火腿"。

眼看宗泽供奉火腿，清河郡王张俊不甘落后，主动邀请宋高宗去他家做客吃宴。时年绍兴二十一年，即1151年10月，张将军大排筵宴，以奉宋高宗，留下中国历史上规模最大的一桌筵席。这场豪华盛宴，正宴大菜五十八道，整个宴会总计上菜一百九十六道。光开胃菜就多达七十二道，这一拨菜称"初坐"，意思是客人进门后坐下喘口气儿，随便吃点零食消乏。据周密所著的《武林旧事》记录，光"初坐"就上七轮菜，第一轮是八盘"看果"，有香圆、真柑、石榴、橙子、鹅梨、乳梨、楔楂（光皮木瓜）、花木瓜等，既然是看果，那就是摆上来"看看"，谁也不能伸手去拿，等第二轮上来时，便撤下去。第二轮是十二种干果，包括荔枝、龙眼、香莲、榧子、榛子、松子、银杏、梨肉、枣圈、莲子肉、林檎旋（可能是花红果）、大蒸枣等，只用作轻微咳嘴。第三轮是十盒"缕金香药"，有脑子花儿、甘草花儿、朱砂圆子、木香丁香、水龙脑、史君子、缩砂花儿、官桂花儿、白术人参、橄榄花儿，这些是用作清新空气，只许闻不许吃。 第四轮为十二品"雕花蜜煎"，雕花梅球儿、红消儿、雕花笋、蜜冬瓜鱼儿、雕花红团花、木瓜大段儿、雕花金桔、青梅荷叶儿、雕花姜、蜜笋花儿、雕花橙子、木瓜方花儿，仔细观察，全是甜货，也大概只是摆给人看的。第五轮称为十二道"砌香咸酸"，有香药木瓜、椒梅、香药藤花、砌香樱桃、紫苏奈香等，全是咸酸口味。接下来是"十味脯腊"，线肉条子、皂角铤子、云梦犯儿、虾腊、肉腊、奶房、旋鲊等，这一轮多属于肉脯类。最后一轮，是以葡萄、金桔、椰子为主的时令鲜果。

列举了这么多，读者也看着挺累。可是作为一桌千古豪宴，这才是个小序曲。

接下来是"再坐"环节，六十六个大盘子上桌了，盛宴才刚刚开始。从第一盏花炊鹌子开始，到奶房签、羊舌签、肫掌签、肚胘脍、沙鱼脍、鳝鱼炒鲎、螃蟹酿橙、鲜虾蹄子脍、洗手蟹、五珍脍、鹌子水晶脍、虾枨、水母、蛤蜊生等，共十五盏（每盏两道菜）。每一盏都制作工艺繁杂，就拿花炊鹌子来说吧，简单来讲是用鲜花配的炒鹌鹑肉，还有另外的说法，炒菜的师傅头上别了一枝花，或者这道菜由姓花的人烹制。不管怎么说，这道菜作为十五盏菜的第一盏来主推，我想大概与宋人崇尚花文化有关。

宋诗人杨万里有诗句描述男人戴花的情景，"牡丹芍药蔷薇朵，都向千官帽上开。"这些官帽上的花，都是皇上亲自赐上去，寓意着江山无殇，繁花似锦。《水浒传》里的那些大老爷们，从周通到阮小五再到杨雄、燕青、蔡庆等，五大三粗，个个却爱在头上插枝花……所以，戴花，吃花，并将此作为宫廷时尚大力推广，并不奇怪。"花炊鹌子"就是例证。以花为主题的菜，在宋代还有很多，比如《东京梦华录》中记载的蜜浮酥捺花。

"再坐"过后，再上插食八品，有炒白腰子、炙肚胘、炙鹌子脯、润鸡（炖鸡）、润兔（炖兔）、炙炊饼（烤馒头）、不炙炊饼（蒸馒头）和脔骨（小排骨）。"劝酒果子"十道：砌香果子、雕花蜜煎、时新果子、独装巴榄子、咸酸蜜煎、装大金桔小橄榄、独装新椰子、四时果四色、对装拣松番葡萄、对装春藕陈公梨。另有"厨劝酒"十道，相当于厨师长推荐，以海鲜为主，江瑶炸肚、江瑶生、蝤蛑签、姜醋香螺、香螺炸肚、姜醋假公权、煨牡蛎、牡蛎炸肚、蟑蚷炸肚、假公权炸肚等，全是给高宗壮阳的。

这么一桌宴席，不要说吃，光看单子就能把人看晕。看晕算啥，直接晕饱得了。晕饱了再用鹅毛挠嗓子眼儿，吐完后继续吃。不过明眼人也算是识出了，这大宴没有辣椒，没有胡椒，没有香茅，没有芥末，好吃不到哪里去，太甜太腻，还不如给咱来盘贫民版的麻酱裹生菜。

有意思的是，这样一桌看似永远吃不到的大宋宴席，在八百多年后，被上海雍福会的行政总厨周铁龙复原了出来，但也做不到百分百，部分改造，部分臆断，照猫画虎……只能满足那些上层人附庸风雅的口腹之欲罢了！

宋代厨娘普通人请不起

在中国历史上，苏杭一带的厨人威望甚高，这得益于他们对美食的锲而不舍的研习精神。

明人史玄《旧京遗事》中记载，"京师筵席以苏州厨人包办者为尚，余皆绍兴厨人……"这是说，大明天子之居所，即国之首府，达官显贵人家的宴席多半被苏州人包办，其余才是绍兴人。苏绍厨人能拿下京城舌尖上的项目，依托的是过硬的手艺，而非"走后门，托关系"。

在古代浩浩荡荡的庖厨大军中，有一个特殊群体不得不备受关注，那就是厨娘，尤其宋代女厨地位之高，实属罕见。

《旧京遗事》中说："宋世有厨娘作羊羹，费金无比。今京师近朴，所费才厨娘什之一二耳。"可见，宋代厨娘真是身价不菲啊。

提到厨娘，自然会想起南宋高宗宫中女厨刘娘子，还有南宋著名民间女厨师、脍鱼"师祖奶"宋五嫂，前者主管皇帝御食，后者烹煮的鱼羹连当朝老大高宗赵构也为她点赞，没有哪个朝代的女厨人能得到如此高的殊荣……

在宋代，厨娘是一门非常体面又异常高端的职业。能入此群体者，必是才貌双全，相当于现在颜值担当的海归博士一族。有兴趣的朋友可以在网上找找河南偃师酒流沟宋墓砖刻，上面有厨娘备餐的画面，真是美艳至极。

宋代谁家生了女娃，第一个念头就是让娃以后做一个厨娘，从小授她厨艺，梦想聘给富贵人家。当然这样的人生投资也有风险，女大十八变嘛，如果这孩儿长残了，在宋朝那个看脸的时代，也是徒有一身好手艺，也无多大出息。因此，成为厨娘，需要天分，需要机缘，更需要颜值。

厨娘的匠心与格调体现在哪些地方？为什么古书上说"作羊羹，费金无比"？

原来古代厨娘一般只有高官或富豪才能请得起，出行必须是专车接送，厨娘通常团队作战，锅、铫、盆、杓、盘，自带全套厨具，而且分工非常明细，比如摘菜的专管摘菜，剥葱的专管剥葱，剥完了，另有专人管切，刷锅涮碗处理厨余之类，更是分工明确。

冯梦龙《古今概谈》中描写了杭州擅长制羊的厨娘。

有一次某知府请她烹羊头签，原本做五份，她却张口要了十只羊头，每一只羊头只刮下羊脸肉便将整个羊头扔了。就连葱，也要一层一层剥，只取中间一截小黄芽。真是浪费，知府看在眼里，疼在心上，可又不敢作声，谁让人家是美丽又能干的厨娘呢。再说了，"作声"意味着自降品位，他可不想成为一个落伍的人。反正那年头，宋人都流行吃羊肉，更是风行才女作厨。

这样一顿大餐，味道自然没得说，那叫一个"馨香脆美，济楚细腻"，可就是费事又费钱，害得知府私底下常常骂人：吾辈力薄，此等厨娘不宜常用！

　　凡事不能用力过猛，否则物极必反。宋人将厨师的地位捧得太高，以至到了后来，这个职业群体日渐式微，一直历经元明清，女厨人越来越少。尤其大清，世风日下，该坚持的坚持不了，想坚持的也自然坚持不了。人无居所，精神涣散，匠心更是无从谈起。

惊掉下巴的宋式食羊法

要论哪个朝代的人最爱吃羊肉，当然是宋代了。

羊肉是宋代皇宫唯一指定的肉类，其他肉都靠边站喽。谁不遵循，就会受到祖宗家法的处置，有可能会把你赶到羊圈里，做一天的羊。

因有了规则保护，宋皇室的人宴宴离不开羊肉。据说宋真宗时期，宫廷里每年要吃掉上万头羊。到了仁宗时代，一天要杀羊二百八十只，天哪，这一年下来数目可惊人了。

这下可愁坏了御厨，天天得变着法子做羊肉了。

据《梦粱录》记载，当时的开封京都以羊肉为主食材的美食非常丰富，比如旋煎羊白肠，旋，是开封方言，当地人常说"旋做旋吃"，有"边做边吃"的意思。宋代人的煎法，并非用油，而是放在水里煮，所谓旋煎，就是将羊肠放入笊篱中在滚水中稍微煮一煮，然后捞出来吃，不知道有没有蘸汁？

羊肠在宋代还有一种吃法，抹上蛋黄烤熟，看上去黄焖焖、金灿灿，被称为炙金肠。《东京梦华录》中讲："下酒排炊羊胡饼、炙金肠。"撸着烤肠，嚼着胡饼，再呷着小酒，嗬，好塞外的吃法。

还有一种炙子骨头，是先腌后烤的羊肋肉。

看来宋人擅长炙，同样是用火烤，但这种烤法在操作上有一些差别。《颜氏家训》中做过解释："火傍作庶为炙字，凡傅于火曰燔，母之而加于火曰炙，裹而烧者曰炮。柔者炙之，乾者燔之。"原来"炙"是指食物和火之间还有一段距离，且食材有一定的水分。

除此之外，宋代还有批切羊头、乳炊羊肫、虚汁垂丝羊头、羊脚子、点羊头、入炉羊、炖羊、闹厅羊、羊角、羊头签、蒸软羊、鼎煮羊、羊四软、排炊羊、绣炊羊笋、罨生软羊面、炒羊、胡椒醋羊头、五味杏酪羊、羊杂烩、羊头元鱼、羊蹄笋、糟羊蹄、细抹生羊脍、改汁羊甯粉、细点羊头、三色肚丝、肚丝签、大片羊粉、米脯羊、羊舌签、烧羊（烤全羊）、炒白腰子（炒羊腰）、烧羊头、羊舌托胎羹、胡羊靶、羊脂韭饼、羊肉馒头、千里羊、羊杂焐、鳖蒸羊、假羊眼羹、肚羹、羊肉面条等，全是宋人的特色佳肴。

许多菜名听上去怪怪的，比如闹厅羊，是一种配乐宴，闹厅，顾名思义是热闹厅堂的意思，有暖场之意，是一种闽南民间传统合奏音乐。

假羊眼羹，《事林广记》有记载：先备上一根羊白肠（宋人怎么那么爱吃羊肠），洗净后和大螺一起煮，然后挑出螺，取螺头，用青小豆粉裹糊均匀，灌入羊白肠内，两头扎紧再放到水里继续煮，熟后取出自然冷却薄成切片，做羹时扔上几片，看上去像羊眼睛。

对于五味杏酪羊我有两种理解：第一，这是一道酸、苦、甘、辛、咸复合味型的菜；第二，这是一道用五味子和杏酪烹制的羊肉佳肴。

羊头元鱼，羊头搭配上元气满满的甲鱼，好硬的扛饿菜啊。

《武林旧事》《都城纪胜》《梦粱录》中都有记录的羊脂韭饼，即羊油拌上韭菜烙制的饼，应该是春天发卖的面点。

肚羹，可能是羊肚做的羹，古书中没有做详细交代。

乳炊羊朜，应该是用羊乳煮制羊臀肉。炊是蒸的意思，比如绣炊羊，这菜怎么做，不知道。

虚汁垂丝羊头又是什么宝，原著中也不加说明，不便考评了。

据统计，宋代以羊肉为主要原料制成的菜肴不下40种，现在能原原本本吃到宋代本味的品类已经非常少了。

除了以上羊肉的种种吃法，还有一种坑羊，宋高宗赵构非常喜欢吃。

什么是坑羊？坑就是地炉。

明代松江华亭有个叫宋诩的人编撰了一本《宋氏养生部》，该书中记录了"坑羊"的制法：掘一个三尺深的土井，然后用砖在上面砌一口直筒的灶，开一道门儿，中间放上铁架。备刚刚宰杀的新鲜的小羊整只，用盐搓涂全身，再加地椒、花椒、葱段、茴香腌渍后，用铁钩吊住背脊骨，倒挂在砖灶中，封盖灶口，四周再用泥涂封。土井里用柴火烧，直至井壁通红，再用小火烧一二小时后，将炉门封塞，让木柴余火煨烧一夜，第二天开炉。成品菜滋味极鲜，香味浓郁。

怪不得宋孝宗边吃边赞："哇塞，坑羊甚美，甚美啊。"走到哪都夸他的坑羊好吃，下旨请他的老师胡铨在宫中品鉴，老师吃完，嘴一抹说："嚯，这不是北方少数民族的烤全羊么。"

不过宋孝宗和他的老师都不知道，数百年后的今天，我们北方少数民族也不挖坑炮羊肉了，倒是墨西哥人，动不动挖个地坑焖羊肉，据说一次能焖500斤羊肉，焖烂用手撕得碎碎的，吃起来简直香呆了。

水绘园招人宴饮录

晚明清初，改朝换代，社会动荡，世风日下，直接影响到文人士子的处世方式，"嫖妓不忘忧国，忧国不忘宿娼"，他们一方面自视清高，把自己挂起，假装忧国忧民，一方面又于淡泊见风骚，常常沉湎于风月场。那个时候，凡是有点头脸的文人，不与秦淮香艳扯点关系，似乎说不过去，比如陈子龙、钱谦益与柳如是，钱谦益、冒辟疆与董小宛，冒辟疆、吴三桂与陈圆圆，陈圆圆、卞玉京与吴伟业，瞧这三角套三角的关系，想想都乱。不管谁是谁的谁，总之，爱了谁的谁，最后都凑成了一对，结局是治愈的。钱谦益与柳如是被奉为夫唱妇随的典范，冒辟疆与董小宛上演了一段"女追男"的凄美故事。

人们对冒辟疆"渣男"的形象，大致来自这两篇文章：张明弼的《冒姬董小宛传》和冒辟疆的《影梅庵忆语》，前者将董小宛描述成一个"花痴"，以致最终积劳成疾，连命都搭给了冒公子；后者详细回顾了与小宛相识相知相恋相爱相生相死的过程，一副被爱情宠坏的样子，但对于董小姐的死，只言片语潦草交代了事。这两篇流传最为广泛的文章，给历史上的冒辟疆画了像，原来这位名震江南的大才子，是个纨绔子弟、浪荡公子，用现在的话讲，是一个彻头彻尾的渣男。

事实上并非如此，阅读《冒辟疆全集》你会发现，冒辟疆并非那么渣，他年轻时交游广泛，结识了不少文人贤豪，董其昌、王铎、吴梅村、陈维崧、张潮、周亮工、王士禛、钱谦益、孔尚任、黄宗羲、包壮行等大腕都是他朋友圈点赞的常客。冒辟疆一生把大量的钱用在吃喝玩赏上，但在救济赈灾上曾一度"捐金破产"，彰显了他的侠之大义。好友许直为他辩解，称其"不止风雅"，为救济难民，"尽发百口之粮，捐金破产，躬自倡率开赈，日待哺者四千余人"。可惜，一个贵公子最终跌落为卖字乞米的老翁，晚年的冒辟疆饥寒交迫，连刻印书籍的钱都没有，只好手抄行世。

一

晚明是个很有趣的年代，多数末世文人，其身上真情与矫情并存，居家生活讲究淡雅悠闲的情趣，为了打发苦闷的日子，玩法也是多种多样，比如冒辟疆喜欢收藏，把玩古董，后来在董小宛的影响下，品茗赏兰，解衣推食，从不吝惜。

董小宛深谙"拴住男人就要拴住他的胃"的道理，进了冒家的门后，拜余淡心、杜菜村、白仲三位名厨为师，四处求访，细考食谱，苦练厨艺，独创了名噪一时的"董菜"，钱谦益吃后称赞："珍肴品味千碗诀，巧夺天工万种情。"给小宛写传的张明弼自然是没少蹭冒家的饭，称董氏"针神曲圣，食谱茶经，莫不精晓"。

冒辟疆原本在吃上是个马马虎虎的人，在小宛的调教下，胃口越来越专、精、刁，最喜欢吃海鲜、熏肉、各类甜品等。总之，吃什么，董小宛都会满足。冒公子吃过之后，也不忘添加五星点评，如吃了火腿肉，说"有松柏之味"，风干鱼"有麂鹿之味"，尝过了醉蛤，说"如桃花"，油鲳"如鲟鱼"，虾松"如龙须"，烘兔酥雉"如饼饵"等。样样色香味形俱全，这是何等高超的手艺啊。

董小宛做菜从不按常规出牌，创新是他在冒公子面前永远保持新鲜感的法宝。即使到了冬春之际，餐桌上也从来不寡淡，"蒲、藕、笋、蕨、鲜花、野菜、枸蒿、蓉菊之类，亦无不采入食品，芳旨盈席"。

到了夏天，又是做水果膏的好时节。董小宛亲手将桃子西瓜榨成汁，过滤后用细火熬制膏汁，"以文火煎至七八分，始搅糖细炼"。水果膏做好后，分浓淡不同口味，一杯杯端给冒辟疆，"桃膏如大红琥珀，瓜膏可比金丝内糖"，看上去好诱人，尝过之后，冒公子用"异色异味"来形容那一瞬间的幸福感。

秋天，万物皆肃敛，精华成于果，这个时候的豆豉饱满，风味十足。正所谓"取色取气，先于取味"，这是董小宛制作豆豉酱的不二心经。"豆黄九晒九洗为度，颗瓣皆剥去衣膜，种种细料，瓜杏姜桂，以及酿豉之汁，极精洁以和。"经过晾晒、剥膜、配料、腌制等工序，酿造出来的豆豉酱"香气醋色殊味迥与常别"。从冒辟疆得意的口吻来看，董小宛独家秘制的豆豉酱在当时的市肆上是买不到的，这样的美味，冒先生自然是第一个品鉴者了。

《淮扬拾遗》中还记录了一种"董肉"：肥而不腻，咸中渗甜，酒味馨香，虎皮纵横。这款菜就是跑油肉，也是董小宛做给冒辟疆的暖心菜，水绘园每每招饮，作为精华美味呈上，频频赢得董其昌、张明弼这样的"超级吃货"的称赞。冒辟疆喜食甜食，董小宛采集各种花瓣，加上白面、饴糖、芝麻、花生仁、椒盐、玫瑰、桂花等，制作成零食小吃，其中董糖是她的巅峰之作。

浙江大才子陈则梁说："辟疆生平无第三事，头上顶戴父母，眼中只见朋友，疾病、妻子非所恤也。"董小宛为冒辟疆精心备食，冒辟疆"又喜与宾客共之"，广交天下雅士。昆山徐元写道："每召诸故人欢饮，饮辄达旦，扶携行酒，肩髀如压石，不敢就寝也。"看来与客人通宵达旦，把酒言欢是冒辟疆的待客常态了。

1651年，董小宛积劳成疾，命陨尘埃。她死后，冒辟疆写了一篇怀念性长文《影梅庵忆语》，然后刻印若干份，分发给他的那些诗友们，约他们写写关于董小宛的文字。吴伟业、杜濬、王士禄、敬亭俞、陈弘绪、周积贤、颜光祚、王潢、张文峙、陈允衡、杜绍凯、张恂、梅磊、徐泰时、纪映钟、周蓼卹、吴绮、刘肇国、韩诗、黄虞稷、史惇、赵而忭、叶衍兰、张景祁、张僖、李绮青等社会名流交了作业，均对董小宛炉火纯青的烹饪技术进行了称赞和品评。

清代诗词名家梅磊在悼念诗中猛夸董小宛的厨艺："少年夫婿老词场，好客频开白玉堂。刺绣争夸中妇艳，调羹不遣小姑尝。蔷薇露酿醍醐味，桃李膏成琥珀光。若使珍厨常得在，食经应笑段文昌。"这里提到的桃李果羹，著名藏书家黄虞稷同样吃过，"五朋桃胶琥珀凉"，他也用"琥珀"一词来形容董小宛的桃粥。

工部主事徐泰时曾这样写道："剪旗深翠护花铃，本草新删谱食经。玉露琼浆调指甲，畦蔬篱菜救园丁。御冬真蓄三年旨，饷客时挑百品馨。谁道幔亭无玉沆，至今空挈一双瓶。"既描述了小宛在饮食上追求匠心，同时也表达了惋惜之情。冒辟疆二十六岁那年结识了清初进士、文化家陈焯，陈后来回忆受邀探访水绘园时说，冒公子日常吃吃喝喝，包括针绣之类均出自董小宛之手，"辟疆时时出其书阁中茗怨盌香瓣，啜且热熬之，俱属宛君手拱，迥异凡味，而肴蔌之芬旨，针缕之神奇，得诸"。广陵好友吴绮说小宛"五夜弹筝，韵流弦外。又独络秀传餐，过客知其宜妇，孟光馈食，说人欢为如宾也"。

在水绘园的餐桌上，既有文社同盟络绎不绝，又有天下云游之客时时到访，想必他们一方面是追随复社领导冒辟疆而来，另一方面，大约也是为了一睹秦淮名妓之芳容，顺便再蹭蹭人家的饭食。从某种意义上讲，"董菜"维系着一个以冒辟疆为轴心的关系网，这一点，从冒辟疆的诗文里可以看得出。

嫁入如皋冒家后，因冒辟疆不胜酒力，董小宛"遂罢饮"，从此与冒辟疆共同以品茗为乐，"每饭以岕茶一小壶温淘，佐以水菜香鼓数茎粒，便足一餐"。冒公子酒量之差这一点在王仲儒那里也得到了印证，他曾聊到冒襄时说："先生性不饮，把杯畏涓滴。"用"涓滴"来形容，可见酒量不是一般的差。一个几乎不喝酒的人，诗文里为什么频繁出现饮酒？古人的心境真是难以揣摩，看来复社老大不好当，招饮太多。

冒辟疆不胜酒力，一生却衷爱岕茶，为此还专门写就了两千多字的论茶笔记《岕茶汇钞》，其中记述了其与董小宛推杯换盏品香茗的生活经历，"姬从吴门归，余则岕片必需半塘顾子兼，黄熟香必金平叔，茶香双妙，更入精微。然顾、金茶香之供，每岁必先虞山柳夫人，吾邑陇西之倩姬与余共宛姬"，而后他在病重期间，仍不改嗜茶的秉性，"三年贫病极，并缺悦生茶""纵有相如渴，三杯病即除"，由此可见，他与董小宛是一对真正意义上的茶痴也。

二

冒辟疆曾写下《水绘园约言》，"竹炉有火，点汤当饮。午馀蔬饭，僧佐烹饪。黄粱未熟，间制一面。何必拨心，槐芽始荐。即有远客，斗酒二篙，既访我于深山古木之间。彼山中之人兮，声希味淡而已"。这段话类似于告天下盟友之书：来我水绘园作客，吃什么喝什么交代清楚，凡是访客，均得认同"山人"身份，正所谓"以山水寄志，于饮食露经济""市井不言义，义归山谷中"。这是一种远离世俗、回归自然的士人心境。冒辟疆曾在写给陈眉公的信中说，"客来无别供，绿酒羃青蔬"，以此向对方发出了邀约。

有一年冬天，冒辟疆召集同人在祖宅的得全堂聚会，并在雪地里野炊，烤煮野鸡獐肉，品酒吟诗，狂欢数日，文史学者邓汉仪也参与其中，并描述了当时的情景："土风原射雉，野味擅烧獐。杀伐乾坤久，烹鲜倘未妨。"根据江南通州文人陈世祥的记录，冒氏獐肉通常的做法是用陈皮豉熏制成腊肉，再配上主人收藏数年的美酒，色味俱别。除此之外，客人的桌席上少不了肥甘味厚的烤鸭、烧鹧鸪、红鲤鱼、鲖鱼以及河豚等。

冒辟疆还喜欢吃海鲜，尤其对海虾情有独钟。他在一篇诗文中写道：海虾产于冬春之季，到了五六月份能长到五寸上下，肉肥味美，如果在海上现捞现吃，则鲜美无比，可惜保鲜技术达不到，一旦隔夜入城，虾就会咸臭腐烂。"今年三伏夜尚拥絮城市，忽得极鲜且大者以五十枚饷，二弟志之以诗：暇鲜繁种类，风味此为奇。拾得如芦管，烹来胜蛤蜊。暑难携百里，美正及兹时。急送书帙里，无烦去海涯。"看来为了吃到新鲜的海虾，冒辟疆动用了各种法子，三伏天半夜用棉被将虾裹起来快递进城，才吃到了新鲜的大海虾，为此其二弟还专门吟诗一首，描述了吃虾的感受。

清初官员、学者李宗孔去冒辟疆家做客，冒先生是怎么招待的呢？"饷我隽味足朵颐，海错山珍及瓜藕"，既有山珍海味，还有各种瓜果蔬菜。水绘园的新鲜果蔬全部来自自家田园，至少有五亩豆棚、蔬菜圃子、葡萄园，花坛里种有时菊、芙蓉等，园子里还养有鸠鸽、鹧鹑等珍稀鸟宠。在日常待客中，素菜中青笋最为常见，同时还配有樱桃、黄米粥以及江南上好的荠茶等。正所谓"樱笋渐佳啼鸟倦，临风遥忆劝加餐""野衲供蔬笋，山农佐粥饘""未传塞北羊酪法，且醉淮南樱笋厨""黄粱初熟，烧笋加餐，饮荠一杯，摩腹千步"，这些赞赏冒氏美食的诗句均出自王士禛等好友。

冒辟疆生于1611年4月27日，卒于1693年12月31日，享年八十三岁。早年家境阔绰，生活奢而不侈。1660年，即清顺治十七年五月，瞿有仲拜访冒辟疆，晚上冒氏在得全堂开樽夜宴，出家乐。百闻不如一见，瞿有仲面对水绘园"天上人间"的生活极为震撼，于是对冒辟疆清初的隐逸生活奉承道："好客不问家生产，买歌不惜千黄金。雕盘绮食开清尊，吴歌楚舞香氤氲。"

然而历经了祸乱，到了晚年，冒辟疆的人生况味大不如前，字字句句透露着难以抑止的落魄与凄切。康熙庚申三月十五日，冒辟疆七十岁寿辰时，诗人卞永吉描写了拜访水绘园时的情景，"辟疆野衣冠，珊珊然出，披二竖子，携畦蔬一榼，佐以樽媚"，孤寂、寡淡，显然失去了早年的华彩。四十年老友余怀顿在冒先生七十岁生日时，说了一段总结性的话，在我看来较为贴切："巢民之拥丽人，非渔于色也，蓄声乐，非淫于声也，园林花鸟、饮酒赋诗，非纵酒泛交，买声名于天下也，真寄焉而矣。"

冒辟疆快八十岁时，水绘园的境况愈加糟糕。园前有一池水，是冒家沿用了三代的放生池，后来所有的鱼都被强邻捕捞个精光。1684年夏天，江南文人邓汉仪来到如皋，眼前的水绘园荒颓不堪令他伤感："板桥梁断拆，满眼蓬蒿，鸟鼠虫蛇。家业愈落无力修葺。""昔时书舫朱栏，美人才子，檀板喧阗，绮筵骈集之地，而今一旦至此乎。"冒辟疆也在诗中描绘了他的生活处境，"学鼠搬姜迁陋巷，十亩蓬蒿居宛转""推倒梁栋蠹高台，小摘畦蔬当鲭馔"。

人至暮年，何以解忧？"南楼余隙地，种菊老驰心"，"朝夕抱菊眠，陶然忘死生"，耄耋之年，冒辟疆真正悟到了陶渊明"采菊东篱下，悠然见南山"的处世哲学，将种菊、吟菊、酿菊、品菊酒、摆菊宴，视为心灵寄托的全部。

一桌席宴与清代奢侈生活

餐桌是时代的晴雨表，既反映当下百姓生活水准，又鉴知奢简风习。

任何一个时代，奢侈之风一旦刮起，不外乎先从餐桌开启。

以清代顺治前期和后期为例。顺治前期虽然民族矛盾比较尖锐，但与明末社会相比，奢侈程度基本处于可控范围内，宴席相对简朴，这与清军入关猛烧"三把火"有关，出台了一系列的铁规戒律，比如规定凡是京城里的官员到地方办公干，一切费用自理，而地方官员不得宴请出差官员，更不许馈赠礼物。

那么，当时老百姓的生活如何呢？请看一位大清民间士子的记录，吴中士人龚炜在《巢林笔记》中记载席费，顺治三年即1646年，"清河与太原联姻，两家皆贵而赡，其记顺治三年婚费：会亲端席十六色，付庖银五钱七分。盖其时兑钱一千，只须银四钱一分耳。而猪羊鸡鸭甚贱，准以今之钱价，斤不过一二分有奇，他物称是，席之所以易办也。今士大家窘况者多，较前宦相去悬绝，而物价又四五倍于前，勉措而不知节，乌得不日贫？"

这段话包含了两层意思：

第一，顺治三年的工价物价并不高，做一桌饭菜，厨师才获得五钱七分的劳酬，倘若一文钱按人民币两角算，这样的待遇要搁现在，恐怕一大批厨子要哭死在灶前。猪、羊、鸡、鸭更是廉价得要命……如此一来，顺治三年，老百姓凡是有个婚丧寿弥什么的举个宴办个席，弹指一挥分分钟搞定，无伤筋骨。

第二，记着，龚炜可是生活在清康熙后期到乾隆中叶，顺治后期，也就是大约过了一百五十年之后，面对前后两个时代的物价比对，他笔锋一转，感叹世道，"今士大家窘况者多，较前宦相去悬绝，而物价又四五倍于前，勉措而不知节，乌得不日贫？"龚炜一辈子没考取科举，绝意仕途，士夫一个，不营产业，生活拮据，深知百姓疾苦，面对眼下腐败奢侈之风，他唯有告诫自己：节约，再节约，省下的不就是挣下的么？这年头读书人穷啊，闭户就闲，不忮不求，专精耽学，吟风弄月才是我龚炜遵循的王道啊。

龚炜所处的时代，到底有多奢侈呢？从顺治朝后期及康乾时代，奢侈之风越演越烈，大有盖过明末之势。据记载，当时江南中产阶级人家，一日三餐，哪怕是吃个豆汁油条之类的，也非常讲究，既要有排场，又力求精美。有的人家"一席之盛，至数十人治庖"，有的人每餐都要让厨子做上几十桌饭菜，然后依主人心情选择。

清人叶梦珠在《阅世编》中这样描写吴地奢侈的饮食风尚，"肆筵设席，吴下向来丰盛。缙绅之家，或宴官长，一席之间，水陆珍馐，多至数十品。即庶士及中人之家，新亲严席，有多至二三十品者，若十余品则是寻常之会矣。然品用木漆果山如浮屠样，蔬用小瓷碟添案，小品用盒。俱以木漆架高，取其适观而已。即食前方丈，盘中之餐，为物有限……"

这样的"土豪"生活，清朝学者、书法家钱泳在《登楼杂记》中也有描述："前明吾乡（苏州）富家甚多，席费千钱而不为丰，长夜流酒而不知醉。"和龚炜一样，钱泳一辈子没做过官，不过也没龚先生那么"宅"，他长年游历异乡，典型的幕客一枚。

读史明理，知古鉴今。从一张席费窥视清代奢侈的饮食生活，反观当下，又作何感慨呢？

王县令的蝴蝶飞上了餐桌

宠物的种类很多，最常见的有阿狗、阿猫、鱼、鸟、虫等，稀见怪异的有蟒蛇、蜘蛛、蝎子、蜥蜴、蜈蚣等，但这些都不及蝴蝶可爱浪漫。古人喜欢蝴蝶，是因为蝶寄托了某种灵性的情绪，然明代有一个县官喜欢蝴蝶，没有什么化蝶逐梦的高尚诉求，没原因，反正就是喜欢，甚至到了玩物丧志、胡作非为、践踏国法的渎职地步。

清康熙后期到乾隆中叶，这个故事被龚炜记载到《巢林笔谈》里：明季如皋令王某，性好蝶。案下得笞罪者，许以输蝶免。每饮客，辄纵之以为乐。时人为之语曰："隋堤萤火灭，县令放蝴蝶。"

这个王县令每次提审犯人时，会直接向犯人家属要蝴蝶，言外之意就是，只要你们给我抓一些蝴蝶来，犯人就可以从轻发落。这些从犯人家属手里收来的蝴蝶是怎么个玩法呢？县令每次招待重要宾客行宴饮之礼时，会将蝴蝶统统放出来，满屋子飞，啊呀，天女散花，碎锦洒地，这一毛钱不花的特效赶上好莱坞了。客人开心，县令得意啊。

像王县令这样的人，放在现在也会归进扫黑除恶专项斗争之中。何况当时的封建社会，王权之下，张狂枉法，必应举报。因此，王县令的这种交纳蝴蝶赎免笞刑的另类行为，理应等同于"征求萤火"的隋炀帝一样荒唐乖张。

古人都是行为艺术家。这事把蒲老爷子也逗乐了，于是他大笔一挥，把这个故事写进了《聊斋志异》里。他在《放蝶》这篇故事里写道："长山王进士峍生为令时，每听讼，按律之轻重，罚令纳蝶自赎；堂上千百齐放，如风飘碎锦，王乃拍案大笑。"

好在王县令只是玩乐，并没有将蝴蝶烹煮煎炸。那么有没有可以吃的蝴蝶呢？有。

唐代孟琯《岭南异物志》记载："常有人浮南海，泊于孤岸。忽有物如蒲帆飞过海，揭舟。竞以物击之，如帆者尽破碎坠地。视之，乃蛱蝶也。海人去其翅足秤之，得肉八十斤。啖之，极肥美。或云，南海蝴蝶生于海市，其形态变化万端，又名'百幻蝶'。"

这种蝴蝶把翅膀和须足都砍了，净重达八十斤。可惜，这是藏在神话里的美味。这只蝴蝶，不同于普通的糖水就能喂养的玉带凤蝶雌蝶，也不是荒野求生里被埃德生吞的花蝴蝶，它是巨型蝴蝶，停靠在黑色的山水之上，你不扑上去，是永远不给你真爱的神级怪兽。

查慎行和康熙北巡那些事

康熙大帝在位六十一年间,多次巡游大江南北,品尝、寻求天下美食。其中北巡多次,每次都有专人记录。

清代诗人查慎行虽不是高品级出身,但对《易》书有研究,且喜欢作诗,"游览所至,辄有吟咏,名闻禁中",在大学士陈廷敬的推荐下,被康熙召进南书房办事,为其捉刀写文章。查慎行曾三次随驾巡游塞外,其中《陪猎笔记》记录了康熙四十二年即公元1703年,康熙帝从北京古北口长城青石梁,到兴安岭以及汗帖木岭这一路的起居言行。

本文在通读查慎行《陪猎笔记》的基础上,对本次北巡路线及时间轴进行梳理,进而考察康熙赐食的多个场景,有助于了解君臣饮食礼俗和时岁风土。

五月

五月二十五日,康熙率皇太子胤礽,及皇长子胤禔、皇十三子胤祥、皇十四子胤禵、皇十五子胤禑、皇十六子胤禄等众阿哥们从畅春园出发,查慎行、查昇、蒋廷锡、陈潜斋、励廷仪、汪灏六位臣子随驾。查氏叔侄都是笔杆子，蒋廷锡是大画家，陈潜斋是校勘官、大学士，励廷仪是诗人、书法家、学士，一个比一个饱学多才，一个比一个"文艺范"。

二十六日，北巡人马驻昌平汤山，赐粉饼一盘，午后东宫又赐果饵。东宫，指皇太子。米粉所制的饼状物，粉饼也，清代小吃。粉饼的制作关键在于肉汤，先用鲜肉汤汁，趁热沸时调和淀粉，制成软硬适中的面团，然后将面团包在绸袋里，在沸水锅上方，不断挤捏，使面团从牛角状的绸袋孔中漏出，直接落入锅中。煮熟，捞出，浇上肉汤即可食用。果饵就是糖果点心。

二十七日，过聂山营、范家庄、桥子村，入顺义、怀柔。再越红螺山、牛栏山至密云县，当日两赐御膳及饼饵。

二十八日，大雨，赐粉饼及素餐。二十九日，路途泥泞，再驻一日。康熙主张吃素食，行进途中，饮食较为淡薄。

三十日，从密云东北方向出发，经过冶山。当日抵达腰亭铺驻行宫，赐野生柳根赤鱼。柳根赤鱼来自清帝围场伊逊河，极为名贵。当地人称"奶包子"，肉质细嫩肥美，酱焖味更佳。查慎行在《赐御馔红莲米饭柳根鱼羹诗》中这样描述这种鱼："佳名原自柳根来，钓得仍将柳贯腮。分赐词臣三百尾，插竿骑马雨中回。"

六月

六月初一，从腰亭出发，过新开岭、老王谷，到达古北口长城，驻柳城总兵衙门，赐鳜鱼一盘。北京地区野生鳜鱼历来有名头，汪曾祺就特别喜欢吃鳜鱼，认为"刺少，肉厚。蒜瓣肉。肉细、嫩、鲜。清蒸、干烧、糖醋、作松鼠鱼，皆妙。余汤，汤白如牛乳，浓而不腻，远胜鸡汤鸭汤"。不过随着北京野生鱼类种群数量和物种多样性下降，2019年，鳜鱼被北京市农业局纳入了二级保护范围，想吃，将被追刑责。

初二，赐鳜鱼山鸡二种，晚餐又赐鲤鱼一盘。一次性吃这么多的野生鱼，普通的臣子在北京城里是很少吃到的，体恤人心的康熙说，"汝等南人好食鱼故屡次分赐"。玄烨所说的汝等，指的是几位南方汉人，包括海宁人查慎行与其侄查昇，常熟人蒋廷锡等。

初三驻柳林，晚餐赐野鸡、饼饵二盘。

初四到达长城古北外第一重镇小兴州。

初六伏日，赐食果汤饼，饮木瓜酒。汤饼就是现在的汤面、水煮面，果汤饼就是水果味儿的汤面，估计清代官厨的灵感来源于南宋人林洪《山家清供》中记录的"梅花汤饼"。木瓜酒是一种低度酒，在宫廷里，主要用于炮制屠苏酒。大年三十那天，清朝帝王饮屠苏酒以求除瘟避疫，同时，也以此酒赐赏近臣、后妃等人。

初七，雨，赐食鲜鹿茸、哈密瓜。鹿茸采收后不经过任何人工处理，直接冷冻保存的鹿茸即为"鲜鹿茸"。其优点是保存了完整的鹿茸特有的营养价值。为了延年益寿，康熙非常钟爱鲜鹿茸。北巡途中赐食的鲜鹿茸，多数是由康熙帝在皇家围场中亲自猎射的鹿之鹿茸制成的。哈密瓜在清代是面圣贡品，地位非凡，据说是哈密王额贝都拉为了与大清攀附关系，携甜瓜朝觐，康熙爷尝后连称"Good"并赐名为"哈密瓜"。

初九抵达鞍子岭。所以，1703 年大伙能吃上哈密瓜，绝对新奇。

十一日午餐，赐鹿茸，晚餐赐果饼。

十二日午餐赐柳根鱼羹、麋鹿肉及宁古塔稗子及米饭。午后赐武夷山芽茶。麋鹿又叫狍子。吃狍子肉是清代的饮馔习惯，清初几代皇帝经常将在塞外围场亲手射到的鹿，通过驿马传送至京，供奉祖先，并赏赐三品以上官员，在上层社会里形成风尚。这种情景被清朝宗室大臣、史学家爱新觉罗·昭梿写进了《啸亭杂录》："列圣秋狝木兰，凡亲射之鹿獐，必驿传至京，荐新于奉先殿。"

十三日进入直奉，早膳赐乳酥、蒸鹿肉一盘，东宫赐饼二盘。乳酥应当为羔羊乳制品。午饭赐鲜猴头蘑菇，查慎行吃完后说："味厚如榆肉，品在山东雉腿之上，产附近山中。"榆肉，又是什么？明末清初学者彭孙贻有《榆肉》一诗，读后一定会品咂出什么味来："何曾累尽五荤捐，参得鸡苏物外禅。春浥清凉台畔雨，气蒸师利窟中烟。肥肪半摘林成塞，香脆生憎荚似钱。会取肉边诸菜味，利根应在齿牙前。"

十四日，雨，早餐赐鲜鹿肉雉雏（野鸡）羹，午膳赐乳酥饼一盘。

十六日，过三道梁、靳家沟、桦榆沟，当日赐枸杞浆。枸杞浆就是用枸杞鲜果榨成的原浆，那时候的官厨已经懂得以枸杞浆的形式，保留枸杞中的各种营养物质。所以说康熙爷是千古养生帝王第一人一点没错。

十八日，查慎行等五人随康熙去钓台打鱼，在御楼赐红莲米饭四盘。东宫又赐黄柑、蜜桃、苹果、玉李。玉李是传说中的仙李，实为李子的一种。红莲饭，源于宋代江浙一带人的吃法，范成大说："饱吃红莲香饭，侬家便是仙家。"由此可见宋代人生活的闲适富足。

二十二日，查昇因从马上摔下手肿疼痛，懂医术的康熙传令杀羊一只，乘热取羊胃，让查昇两手置其中止痛，十指稍能屈伸。这样的妙术被导演移植到了《还珠格格》里，小燕子不相信羊胃可以止痛，不料效果让她惊叹！

二十四日，赐桃李饼饵四盘，佛手柑一盘，调调胃口，想必一些臣子外出换水土，加之塞外早晚天寒，吃佛手柑，"补肝暖胃，止呕吐，消胃寒痰，治胃气疼，止面寒疼，和中行气"（《滇南本草》）。

二十五日，微雨中随康熙至喀喇河屯。玄烨召集会议，审阅热河行宫施工图谱，听取筹备奏闻，面谕营造要旨，赐宴慰勉素有劳绩者。康熙在此停留四日。

二十六日立秋，赐佛手柑一盘，另赐秋海棠一盆，山花一瓶作为直房清供。瓶花清供，大雅。

二十七日，随行同事陈潜斋赠柿子酒，味道清冽。柿子酒是山西特产，陈潜斋是山西人，随驾途中拿出家乡美酒与同事分享，也算是一种别样的"得意"。喝后惹得查慎行为他献七言律诗一首——《前辈分饷柿子酒》："小榼遥看走马军，微风先为送奇芬。行厨洗盏汤初老，隔幔呼灯日渐曛。尚想青黄垂野径，忽惊红绿眩微醺。从今细雨残更后，每到醒时定忆君。"陈潜斋年长查慎行整整三十岁，称其前辈是必然，再加上二人同在南书房共事，作为新人，查慎行应当谦卑谨慎。

二十八日，收到裕亲王福全病故消息，康熙帝决定第二天赶回京都，亲自祭奠。爱新觉罗·福全是顺治皇帝的第二子，玄烨的哥哥。

三十日，秋暑酷于三伏，十三皇子赐哈密瓜二盘。

七月

七月初一，晚饭后大雨，潜斋、亮功、扬孙都坐在查慎行帐房内闲谈至深夜。

初二，夜雨，十三皇子赐食烧鹿尾，膳房自此为例，每天送猪、鹿肉二次。鹿尾在古代都是王公贵族喜爱的美食之一。唐人段成式在《酉阳杂俎》一书中记载，称"邺中鹿尾，乃酒肴之最"。

初三赐烧羊肉一盘，晚餐赐鲜鱼肉二盘。爱吟"念天地之悠悠"的大文学家陈子昂还写了一篇《鹿尾赋》。清朝时期，由于宫廷的热捧，鹿尾宴达到了巅峰时刻，一度被收进了满汉全席。

初六，康熙再次出京继续巡游。途中令人到山中采野杏根，因木质坚硬花纹好看，可以做笔架及小香几。当日傍晚，内侍自京城来分赐蜜浸鲜荔子及鲜果三品。查慎行得蔬菜九种。

初七，康熙驻密云县。当晚，众人在潜斋帐内饮，饮酒还是茶，查慎行没交代，不知道。

初八，康熙从京城返回，入行宫。

十三日，午饭赐二种面食。

十四日，赐食薏米粥及乳酥豆腐，康熙说"此山野之味汝等尝之"。膳房一日三餐未必由康熙样样指示，但从他说给大臣的这句话来看，正好印证了他"因时因地因人选择饮食"的观念。他说过，"各人的肠胃所不同，应择其所宜者"。薏米粥利水消肿、健脾去湿、舒筋除痹、清热排脓，豆腐补益清热养生，都是塞外产的纯天然佳品。

十五日，皇太子赐早饭，中午赐番瓜一盘。

十六日，在喀喇河屯行宫驻了二十余日。当日拔营大雾中过滦河。滦河沿岸风景秀丽，郦道元在《水经注》中就曾经提到过濡水（滦河的古名）支流武烈水畔的"磬锤峰"。又过黄甲营、卧象山，再过热河岭，抵达热河驻地。热河，因"多热泉，冬亦无冰"而得名。

十八日，好几天没吃肉了，赐鲜肥甘美的鹿肉。

十九日，行至蒙古科尔沁。

二十日，午间大伙聚在潜斋帐内用膳。皇上自热河上宫赴汤泉。汤泉距离驻地三十五公里，三天后回营。

二十一日，午饭除了一些常规菜，十皇子又赐蒸羊一只。蒸羊在宋代是肴馔名品，到了清代，上到官府，下至民间市肆都可以吃到，从清人李含慈《汴梁竹枝词》中"红油车子卖蒸羊，启盖风吹一道香"的诗句可见一斑。

二十二日，御膳房两送碗菜。

二十四日，康熙乘船打鱼，中午前回行宫，赐鲜鱼一盘。

二十五日，康熙平生乐于垂钓，认为"垂钓静待，益于养性熟思"。当日，他再次出宫钓鱼。晚餐赐鹌鹑野雉二盘。

二十七日，康熙从上营子出发，赴三十里外用早餐。又翻山越岭至蓝旗营，晚餐赐鹌鹑、野鸡，皇长子赐饼饵，傍晚皇太子给几位随行大臣各赐甘蔗、苹果、槟子一盘，随后几人到潜斋帐房以果饼下酒闲聊。

二十八日，康熙出宫钓鱼。晚归时吟诗一首："唱晚渔歌傍石矶，空中任鸟带云飞。羡鱼结网何须计，备有长竿坠钓肥。"

二十九日，从蓝旗营出发，经喀巴屯、冷水头，最终抵达博罗河屯行宫。

八月

八月初一，张梅公邀请慎行、潜斋、亮功、扬孙至帐房聚餐。当日康熙给每人赐乳酥饼六十枚。

初二，早膳赐食蒙古蒸羊，只是查慎行"素不嗜羊食"。

初三，从博罗河屯出发，抵达唐山营。

初四，赐二盘山樱、枸杞和一盘粉面食。

初六，从唐山营出发，北行入蒙古地界。

初七，太子诸王钓鱼，东宫赐饼果四种，晚餐赐食细鳞鱼，传来皇上的话，"汝等南人皆以鲥鱼为最美，此鱼产乌喇地方，附近溪中亦往往有之，又有柘绿鱼，味亦鲜腴，似胜鲥鱼也。"细鳞鱼被称为冷水鱼王，康熙当年在塞外山涧野钓，第一次品尝这种鱼后诗兴大发，提笔便写："九曲伊逊水，有依萃尾鱼。细鳞秋拔刺，巨口渡吹嘘。阴益食单美，轻嗤渔谱疏。还应问张翰，所忆定何如。"康熙提到的柘绿鱼，也是一种产于滦河的名贵野生鱼种，康熙年间一代文宗周桐野曾赋诗称"柘绿名佳味亦佳，朝来一破太常斋，莫寻尔雅评高下，且压荒厨甘七鲤"。

十一日，赐食鲜狍肉，味似鹿而松嫩。

十二日，狩猎，皇长子赐茶饼。皇上赐御馔一席。每人赐全鹿一只。

十三日早餐，赐鹿尾鹿肚鹿乳诸珍味。赐乌拉柰一盘，东宫赐鱼羊二盘，黄昏又赐苹果、蒲桃、鲜枣三种。随驾大臣汪灏解释，这种叫乌拉柰的果子又名欧李，稀有果品，比樱桃大而味甘，蜜渍可以致远。查慎行听后即刻写下一首赞美乌拉柰的诗："丛间朴嫩叶先枯，欧李骈晴似火珠。长路微甘供解渴，马鞭争挂紫珊瑚。"后来，乌拉柰被汪灏等人收进了《广群芳谱》，后被《热河志》《盛京通志》纷纷转载。"蜜渍可以致远"，说的就是欧李蜜饯，其做法是：先采摘欧李鲜果，经清洗、风干、去核、脱水后加白砂糖、蜂蜜秘制而成，吃起来馥郁果香，营养丰富，更重要的是，超级补钙。

十四日，秋分，直郡王赐石榴、苹果、银桃、梨、枣、西瓜等。

十五日，中秋，赐苹果、西瓜、梨、枣及月饼大小五枚，皆以金彩饰为宫殿蟾兔之形。皇上说了，按照随驾惯例，中秋应当给大伙赐宴，但因裕亲王之丧朕心难过，因此宴席就免了吧，特赐饼和花草以表心意。黄昏，东宫又赐果饼二盘。当晚，月色无比姣美，陈潜斋等几个随驾同人夜下赏月，直到三更才睡。

接下来的半个月，康熙率各阿哥及众大臣，在热河亲躬实践，率行骑身，深入兴安岭余脉，披榛流水，入山行猎，捕鹿射熊，杀狼猎豹，包括猞狸、野猪、兔子及鹌鹑和鹤等禽类。

仅二十八日一天，康熙所得鹿大小共六十余头，骄傲地召集大臣围观，训话。赐大臣全鹿一只及山樱山梨浆等。东宫又赐熊肉熊胆。

九月

九月初一，获鹿五十头，康熙射得飞狐一只。据查慎行描述，此狐"毛深褐色，锐头缺口，如兔而耳差小，尾之长与身等，肉翅如鳖裙，四足生翅，中前二足四爪后两足五爪能飞"。《山海经》记载：又南三百里，曰姑逢之山，有兽焉，其状如狐而有翼，其音如鸿雁，其名曰獙獙。莫非康熙爷射得神话里的怪兽飞狐？

初三，东宫射得一虎，令诸臣剥虎皮，虎骨剔出后赐给了查慎行，同时又赐美酒一瓯。

初九早餐，赐花糕一盘，大伙儿继续上山狩猎，夜宿汗帖木儿岭下。东宫赐鲜果六大盘。

初十日，赐梨膏一器，秋高气燥，大臣们润润嗓子。

十一日，康熙走水路行三十里泊舟钓鱼，当日回行宫，赐乳蒸羊肉一盘，蒸瓜一盘，及酥蒸稗子饭。全是蒸食，有荤有素。随驾御厨倒是很会揣摩主子的心思，稗子饭可是典型的满族人的饮食风味。稗子是一种生长期较短、产量较低的禾本科农作物。加工前和谷子一样要炕得很干才能磨成米。做饭时煮六七分熟，捞出再蒸一遍。饭味香甜适口。

十二日早，赐臣等六人乳酥人各一大匣。皇上射得金钱豹一只。

十三日大雪，康熙分赐瘿木瓢、赤灵芝、杏根、佛手架等塞外物产文玩予大臣。瘿木瓢就是用瘿木做的酒瓢，因树木外部隆起如瘤，自然造型，较为难得。

十四日，康熙率人马备好弓箭火器，水陆夹击，杀虎一头。赐臣等奶茶、鲜鲤鱼人各一尾。

十五日，雪融道滑，休息，随驾大臣每人赐鹿肉干十束，粉面饼五种，鲜鹿肉鲫鱼二盘。

十七日，慎行记录，山中有果树名叫乌沙而器，树高数尺，果实红如珊瑚，味微酢而苦，核扁如瓜子，其木大者可为弓胎，小可为箭杆，塞外材木，与沙棘接近。

十九日，早餐赐面食二盘。康熙乘船顺潮河南下，午后抵达密云县，傍晚回行宫。皇上为翰林官颁赐阿尔山酒各一大坛，乳酥各一匣。

二十日，康熙从汤山启程，计划返回京城。

二十一日五更，行三十里抵北京东直门。此次塞外巡游结束。

皇帝早晚两次赐食当然是荣耀，毕竟能吃上那么多的山珍野味。但动辄赐赏饭食，且不说行大礼跪谢大恩，吃完赐食了还要应付皇上的典学日讲、备问，还要习武骑射，估计很多臣子不情愿。可是不情愿又能如何呢？随驾北巡结束后，臣等好好靠着皇城的墙根儿吃碗老北京炸酱面释放释放吧。

袁枚与尹氏父子的食之缘

尹继善，满洲镶黄旗人，大学士尹泰之子，雍正、乾隆时期任刑部尚书，兼管兵部，加太子少保。官居一品，相当于副国级职称的大人物，而且还是乾隆的儿女亲家。

尹继善这人好吃善饮，还喜欢吟诗作赋，江湖传言他是个"斗诗狂人"，经常约人打"诗战"，令同僚苦不堪言。在他担任两江总督时，经常同袁枚这些文人泡在一起，赋诗论文、品评美味，江南的空气中混和着被泥墨印色浸染的清风明月。那时候，袁枚只是个小县官。

按理说，袁枚怎么着也高攀不上这样的大官，但机缘在于，袁枚任职的地方在"两江"管辖范围内，尹继善下乡考察工作时，被小袁的精神气质和干劲所吸引，加上二人都是"吃货"，有共同话题，也就"一拍即合"。

尹继善身边还有个"小吃货"，那就是尹似村，二人一见如故，鱼传尺素，相识相惜数十载。

在袁枚所有的诗文中，关于尹氏父子的多达二百余篇，字字句句，真情流露，绝非泛泛应景应时。就是这样一位伟大的文学家、诗人，在他先后哭走了尹氏父子后，自己也挥别随园，悄然谢世……

一

乾隆二十九年十二月，第一枝腊梅在南京玄武湖冒寒盛放的时候，两江制府接到了圣主开春南巡的消息，尹继善立刻召开会务，成立精锐的工作小组，根据皇上行程路线，加紧做攻略以及各种应急预案——既要在皇帝登陆的长江口岸做迎驾庆典事宜，还要在南京摄山下举行欢迎宴会，这两件大事是承接关系，缺一不可。

这期间的筹备、演练，就是一场允许"试错"的盛会。于公，作为封疆大吏责无旁贷，于私，作为乾隆的亲家人，年逾七十的尹继善必须亲自督导才显诚意。

尹大人招集庄经畬、魏廷会、袁枚等名士，于山光水色中，赏戏听曲，轮流置酒，出谋划策找灵感，为的就是届时好给乾隆帝充分展示江南人的生活美学。

袁枚是当仁不让的座上宾，有时候太晚了便留宿在尹府，正所谓"偶然三日别，定有四更留"，二人经常躺在太师椅里，说鬼评羹，赏玩嬉笑，漏尽不休。

袁枚向尹继善介绍《随园食单》与《子不语》的撰写情况，并分享了个中精华篇章，听得尹大人直呼过瘾，眼睛放光，他一把将袁枚拉到一旁，说子才小弟，将你的私房食单精选一部分用于迎驾宴席。同时嘱咐，一定要带上你的家厨到民间去，那里的天地更广阔，或者到各个达官豪绅家里去搜食，春节期间搞一次集中品评。

新春第一天，江南的小寒风缓缓地吹着，空气中夹杂着淡淡的梅香，五十岁的袁枚披上披领，夹上他的美食小本本，去尹继善家汇报工作，品定收集来的各种美食，顺便将尹家的食单做个调整。这事尹继善有诗作记录，"秦淮何处迭为宾，遍把庖人等次分……"相当于搞了一次美食品鉴大赛。

袁枚也将有关尹继善的饮食趣事记录在了《随园食单》里。

现在捧起这本书的时候，即便烟雨江湖迷雾重重，却仍能感受到三百年前尹继善品鉴美食的灵动与优雅来。

尹先生曾夸自家做的鲢鱼最好吃，不过在袁枚看来，烧得太熟了，汤汁重浊，吃起来黏滞，如果改善，可以参考一下苏州唐氏炒鲤鱼片的做法，并强调，下锅后不要煮得时间太长，"二分烂"便可起锅。

据说尹继善最喜欢吃鹿尾，但这种食材在南方很欠缺，而且价格比猩唇、驼峰这些奇珍异品还要贵重，若从北京运来，又不新鲜，怎么办？这个难题又一次交给了袁枚，袁枚带领家厨，经过多次实践，最终认为用菜叶包起来上锅蒸制，清而不腻，香有别韵，很不错。

最让袁枚津津乐道的是尹家的风肉，其做法也录入了《随园食单》。将一整头猪斩成八块，洒上炒盐细细按摩，待充分入味后，高高挂在通风处阴干。夏天吃的时候，先放水中泡一宵，再煮。削片时，用快刀横切，光滑平整，上盘好看。

尹家的风肉做得精致，经常向皇宫里进贡。袁枚感叹，徐州风肉早在两汉时期，就已经掀开了中国饮食文化璀璨的一页，如今风华不在，不知道是什么原因造成的。

毫无疑问，袁枚是尹大人贴身的"美食高参"，爱读诗书又恋花的他，手里经常捻枝牡丹出入两江制府，一度"直入内室"，为尹大人源源不断地奉献美食，搞得尹继善穿着睡衣接待他，一来二往，留下了不少手札，这些反映袁枚与尹家交往的亲笔信收集在了《小仓山房尺牍》中。

　　《小仓山房尺牍》这本书记录了袁枚辞官后闲居南京时，读书、放鹤、恋花、贪食的清幽生活。这段岁月静好的日子，基本远离了官场，因而大可散开缰笼，"独抒性灵，不拘格套"，正所谓，我以我手写我心，我以我心吐真情，爱咋咋滴。

　　也不光是袁枚给两江制府送吃的，有时候，尹继善也会派人给随园主人送吃的。更多时候，是希望袁枚吃后能够反馈一些改进的意见。

　　书中《病中谢尹相国赐食物》一文，是袁枚写他病中收到尹先生快马传来的美食，感恩之际，溢于言表。当然，随美食而来的，还有尹新鲜出炉的诗作。这种表面送吃的，却夹带"诗货"的交际方式，现在看来，不可思议。

　　袁枚自然先是夸一番尹相国的诗，他说，您的诗我收到后，"如春波过风秋云过月，层见叠出，而意思无穷，当即熏笼壁间，恐江城碧纱从此价贵，随园庭榭将终宵有丝竹之声"，这话品起来似有浮夸，甚至肉麻。

　　不过要知道，袁枚的仕途，全仰仗这位贵人，他是袁的提携者、大恩师。尹继善呢，比袁枚大二十一岁，当然也是一位德高望重的长辈。想想，这样一位人物给袁枚寄来他的诗作，作为晚辈，能不感恩戴德吗？

当然，尹先生跟那些附庸风雅、爱装门面的官僚不一样，论诗的水准，他写得平淡却也工稳，但也远远比不上袁枚的纯出性灵、潇洒自如。由此来看，尹先生寄食物的同时夹带自己的作品，人家已经亮出了姿态：诗歌可以点评，美食品后也要给出见解啊！

那么，尹继善给袁枚到底送来了什么呢？原来是公鸡一只、冰梨一筐。很明显，是希望他好好补补身子。

可惜袁枚说他最近得了风寒，"饮苦口之汤"，正在喝中药呢，面对这些美食，一点胃口也没有，无法像以往那样甩开膀子大快朵颐。

唉，他叹息一声，只好送给别人吧，也算是替他享用了，不枉恩师一片苦心。

袁枚只恨自己福分太薄，随后"转恨先生之赐"，说早不送迟不送，为什么偏偏在他生病时送呢，是不是故意的？嘴上在嗔怪，他的内心却是美滋滋的。

二

尹继善有六个孩子，五男一女，都跟袁枚有交往，其中小儿子名叫尹似村，平日喜欢搜罗灵异掌故，有狐鬼精怪小说集《萤窗异草》留世。

时光再闪回到乾隆八年（1743 年），尹继善代理两江总督，第二年春，邀请袁枚来总督署所在的清晏园做客，初次见面，袁枚给予对方八个字的评价，"八面莹澈，和颜接物"。当时似村也在场。

饭后，在尹氏父子的陪同下，袁枚漫步署园，观赏风景。雨后初晴，十亩方塘升腾起团团烟云，厅堂画舫，水榭池岸，垂柳依依，枫叶点染，莲荷放花，风漾野鱼，名为官舍，堪比山家。

"水边花淡春将暮"，在春光的映衬下，尹似村的性情愈显澹泊，在袁枚看来，这孩子"通家谊重，一见心倾"，小尹也被眼前这位离经叛道的半老头子吸引，因脾性相投，他们数十年如一日，诗文互答，鱼雁往还。

尹似村无意功名，始终留在父亲身边，帮助料理各种事务，业余还可以浪荡交游，陶冶情趣，反正家业殷实，也不差钱。

袁枚与似村走得近是有原因的，与尹继善结识不长时，凡事也不能时时烦扰人家，毕竟总督的公务也是挺繁忙的，一旦有什么需传达，往往由似村来代替呈上，包括各种食单、信札等。

袁枚在《小仓山房尺牍》有六通写给似村的手札，《答似村公子索食物》《复似村》《再复似村》等，其中关于"索食"的这篇，读来既可以了解袁枚与尹氏父子之间的关系，还可以印证他为尹家奉献美食的特殊使命。

札中写道，"前上笋菹蜜饵，是郎主之餐，非先生之馔；不谓公子食而甘之，竟作堂上秩膳之献"。袁枚告诉六公子，说上次给你寄去的笋菹蜜饵，是给你的，不是给尹老先生的，没想到你尝了后觉得味道好，竟然给你父亲送去也吃了。

不过这样也好，袁枚立刻掉转话题，说出了一番高情商的话来，他说给先生吃好啊，这样既能体现公子奉养孝顺的意志，还让我搭上了你的便车，从某种意义上讲，也让我这个学生尽了孝敬之意，免得让别人说我这样不近情理，可谓一举两得。

这笋菹蜜饵，大概是腌制的笋菜，蜜饵是用蜂蜜和面粉做的甜糕，估计是厨子新研发的小菜，没想着立刻呈给尹继善，不料阴差阳错让尹大人给吃到了。

这吃了不要紧，按照惯例，老尹还提了一堆意见，六公子写在信中，快马加鞭反馈给了袁枚："平章软脆，判别酸咸，油重则濡而不芳，糖多故腻而不爽"，说这道菜口感软脆，味道咸酸，像这样的食物，油太重了就不香，糖太多了就不爽！袁枚一看便傻了眼，果然是江湖老饕啊，什么都躲不过总督那双法眼。

袁枚在回信中大赞尹老先生，称他为"大君子"，"身如雨露村村到，心似玲珑面面通"，果然是个"遇事镜烛犀剖"的人，对一饮一食的要求和指导，做到了"诲人不倦"，更令人佩服的是，他将这种饮食哲学运用到了办理公务上。

"明知调羹之衣钵，难传粗粝之腐儒，然从此燔黍捭豚小增学问"，老子说了，"治大国若烹小鲜"，做一个好总督，就跟这烹制美食一样，袁枚说，天下大道，像我等粗俗陈腐的读书人是接不住的，但我从尹先生的教导中，也可悟出些小学问来，这些学问足以让我做好一个称职的监厨，为"大君子"的口福保驾护航。

先生说了，以后有什么好吃的，尽可呈上来，所以袁枚嘱咐六公子说，"我不知道您父亲爱吃什么，还请代为探问一下，然后再通知我，好让我为他量身打造，并差人快马寄上门来"。

最后，袁枚对似村说，"仆非新妇，兄恰小姑，故敢布其缕缕"，这话暴露了二人的关系非同一般，就像形影不离的闺蜜，什么事都可以低下头来软谈丽语，抵掌而侃。

袁枚和尹似村的感情，是经过长达三十年厮磨出来的真切。

在《尹似村公子诗集序》中，袁枚将自己称为抱白石的青松山人，将似村喻为随风车的云马公子，倘若多时见不到对方，他便神不守舍。爱是无私的，袁枚曾给似村送汉玉索圈，送玉虾蟆、玛瑙枣，送铜水盂等一些零星琐屑的物器，为的就是"独占"尹公子，"欲足下之衣裳几案，触目皆有山人在其左右故也"。

他还曾将两人的名字并列镌入同一颗图章，袁枚请人画《随园雅集图》，图中共五人，庆兰亦在其中。1788 年秋天，似村去世后，袁枚写了好几首哀悼诗，"怀似村诗二章、哭似村诗二章"，情文双至，可泣可歌。

尹继善于乾隆三十六年四月二十二日逝世，享年七十六岁。

"知己一生休"，似村在给袁枚的信中，详细提到了父亲去世情况。除了年事已高，最主要的原因是，老先生不信医药，有病硬扛着，加上随驾塞外，连日奔波，累倒了。

尹继善去世后，袁枚悲不自胜，作《哭望山相公六十韵》，凄切婉转，并在数年中，经常梦见尹先生。

世事如棋，人情似纸。嘉庆二年，即 1797 年，八十二岁高龄的袁枚，因痢病复发，黯然仙逝，为他鲜衣怒马的一生画上了句号。

从此，随园再无主人。

被视为珍品的柿子酒

果酒品类繁多，最常见的是葡萄酒，"葡萄美酒夜光杯"，瞧瞧，古人一喝就来诗。

除了葡萄酒，还有刺梨酒、雪梨酒、桑椹酒、山楂酒等，跟脾性生猛的白酒相比，这些果酒显得有点面软，烈性不足。

相比之下，柿子酒历史悠久，早在北周时候就名扬天下，隋唐时期经久不衰。到了宋代，被爱玩风雅的大宋人捧为"酒中皇后"，请进了宫廷大院。

蒲州是山西境内最古老的产酒区，史书上说"蒲州盛产柿，柿为蒲人利"，到明朝时，蒲州产区仍然维持着昔日的荣耀。蒲州柿子酒作为贡品，被一车又一车地送到王公侯爵那里，成了寿宴上的网红酒。明代大文豪王世贞在《弇州续稿》描述了这样的场景："公之归麻城而郯父老可知也，岁候公诞以车装枣柿酒，面造公里而寿焉。"

王世贞在喝过蒲州柿子酒后，赞叹道："蒲州酒，清冽芳旨，与羊羔并而不膻，远出桑落、襄陵之上，特以远故，不易得。"他曾写诗道："屑琼为曲露为浆，超出人间色味香。应从帝女传遗法，不向河东羡索郎。"弇州山人如此抬举柿子酒，想必在他的雅集上，自然少不了这款上好的果酒助兴。

到了清代，柿子酒仍被士大夫们视为珍品。清代名臣陈廷敬出身于中国北方第一文化巨族，家族显赫，荣光有耀。康熙皇帝南巡时，曾下榻于陈廷敬故里"午亭山村"，品尝了陈家地窖中珍藏的柿子酒后，龙颜焕发，神清气爽。

陈廷敬离开家乡，在外做客，也时时念叨着自家的柿子酒。有一次，他沿晋阳至泽州古道急赴京城，一路上车水马龙，商贾往来，只是当天出门之时已近黄昏，行至泽州，炊烟袅袅，灯火点点，于是他不得不投宿于附近的巴公镇三家店，这里地处高平与晋城的分界线，有一大截海拔 800 余米的慢坡路段，南来北往的客商经过都要在此歇歇脚、打打尘……

"风水宝地啊。"陈廷敬来到三家店感慨一番，随即进了一家温姓人开的茶饭铺兼旅行店，也就是说，这是一家既可以提供酒水饭菜，还可以住宿留客的"温记全店"。主人一看是位着装贵气的官人，异常热情，落座之后，很快就端上了好饭好酒。饭是家常的豆粥，酒是家酿的柿子酒。这也是陈廷敬家中常备的酒。几杯下肚，陈廷敬恍惚觉得自己好像又回到了山西老家，特温馨，感慨之余，提笔赋诗一首《三家店温生具食》："出门已昏黑，烟火隔城阘。才宿三家店，便为千里人。豆羹肥胜肉，柿酒白如银。邂逅临岐路，情同故旧亲。"

是啊，这个世界上有了酒，江湖便多了一丝风情，庙堂也不再高远，有了酒，文人、高士，可狂妄、可孤傲、可疯癫、可另类，可借酒当歌互托思量……陈廷敬曾写过《韩大韩山送柿酒》，诗曰："白芡乌菱得比伦，黄柑差似洞庭春。不辞风味清如水，一片寒光解醉人。"他将柿子比作白芡和乌菱，又比作黄柑，可入药，可食用，可酿酒，味美无比，胜过名酒"洞庭春"。"韩山"一词在陈廷敬的《午亭文编》中多次出现，比如《春日戏寄韩山》《邻园怀韩山》《赠韩少室山人》等，应为陈廷敬挚友韩少室，归隐山人。韩大，猜测也是人名，无可考证。

陈廷敬家族在明清两代，一共出现了四十一位贡生，十九位举人，并有九人中进士，六人入翰林。陈廷敬本人官至文渊阁大学士兼吏部尚书，相当于一朝宰相。一代名相，一生斗酒成性，深深影响着后世。

陈壮履，陈廷敬的三儿子，康熙三十六年（1697年）高中进士，入朝为官，1702年调到南书房工作。此人自幼熟读四书五经，也是个饱学之才，只是跟他的父亲一样，爱喝柿子酒，出门在外也不忘随时带在身上，时不时与好友分享一番。

1703年的六月，陈壮履随康熙巡游塞外，当月二十七日行至喀喇河屯，宴席间他赠查慎行柿子酒，查先生喝后称赞此酒"味道清冽"，并为其献七言律诗一首——《前辈分饷柿子酒》："小榼遥看走马军，微风先为送奇芬。行厨洗盏汤初老，隔幔呼灯日渐曛。尚想青黄垂野径，忽惊红绿眩微醺。从今细雨残更后，每到醒时定忆君。"陈壮履年长查慎行整整三十岁，自然是前辈了，加之查先生在陈廷敬的强力举荐下，"诏随入都"，因此，于情于理，帝师之子的马屁一定是要拍的。

柿子酒虽说是贡品，但其制法源于蒲州土人。清朝大臣祁韵士在《万里行程记》中记载："西南行，三十里至樊桥驿。驿隶临晋县，地近蒲州，人民俱带朴野气"，"蒲州境内麦田中柿树成荫，于麦无碍，芃芃长发，柿产最多，土人用以酿酒及醋，味薄不足尝。"

据山西有关史志记载，当地小农"兼营工商业者，有于农隙熬土碱，制柿酒者，有驱骡马服盐者，而皆以耕种为本业"，这种酿制方法，至今仍在山西、河南、陕西等地乡间沿用。

每年冬天，当红红的柿子挂霜时，就是烧制柿子酒的最好时节。成熟透了的柿子摘下来后用木槌捣烂，放入瓮里，配上酒曲发酵两个月，然后以玉米、高粱、红薯等原料，挖一个地窖炉，支一口大铁锅，盛满水大火烧制，最后蒸馏出来的，就是晶莹迷人、芬芳四溢的柿子酒了。

第二辑　士子宴

三国魔幻厨师左慈

《历世真仙体道通鉴》是一部古代神仙传记书，由元朝赵道一撰写。

书中讲到东汉末年著名方士左慈，并形容此人"坐致行厨"，烹技奇妙到了极点。

一日，曹操派人将左慈请来，其实是骗来后关在一间屋子里，"使人守视，断谷，日与二升水"（《太平广记》）。

曹操心想，你不是能通天么，老子给你断了饭食，看能撑过几天。结果一年过去了，左慈不但没有被饿死，气色反而大好。

曹孟德连忙觍着脸攀问人家有什么养生秘籍！左慈嘲讽道："学道当清静无为。"言外之意，你曹操打打杀杀的，骨子里就是个莽夫，根本做不到真清静，更别谈入道了。这么一说，曹操颇为恼火，小肚鸡肠的毛病又犯了，心想一定要除掉这个左慈。

为什么左慈一年不吃饭，却能"颜色如故"，因此人有"坐致行厨"的特异功能，会做"飞食"。隔着墙壁，能将千里之外的美味搬来享用。有点像现在的玄幻剧，那些法力无边的神人都能够做到隔空取物。

曹操要杀左慈，左慈心知肚明。

一日，曹操设宴。"慈拔簪以画杯酒，酒即中断，其间相去一分许。慈即饮其半送与操，操不喜，未即为饮。慈乞尽饮之，以杯掷屋栋，杯便悬着栋，动摇似飞鸟之俯仰，若欲落而复不落。"（《历世真仙体道通鉴》）左慈用簪子割酒，自己饮一半另一半给曹操，看曹操不喝就要回来自己喝，喝完将酒杯掷了出去，神奇的是，杯子在屋梁缭绕不落，把所有人看呆了。

其实作为一名行厨江湖的魔术师，玩杯子是左慈的拿手好戏。早年他在安徽潜山境内的天柱山上研习炼丹之术，时常坐在石室精舍里扔杯子玩，而且玩出了"五毛钱"的特效，南宋诗人王镒这样形容当时的情景："左慈闲戏神仙术，五色霞杯绕洞飞。"可见场景十分奇幻。

江湖传言左慈是个活神仙，曹操却并不傻，在他看来，左道士只是个搞邪术的破厨子而已。

又一日，曹操设宴招待客人，顺便请左慈入席。席间，他率先举起酒杯，向众宾客致歉意："今日高会，珍羞略备，所少吴松江鲈鱼尔。"（《后汉书》）是啊，这么好的饭菜，怎么就偏偏少了松江肥鲈呢！

左慈听出了弦外之音，二话不说取来一只装满了清水的铜盘，"以竹竿饵钓于盘中，须臾引一鲈鱼出"。曹操连忙说，这么多人，一条哪能够啊，有本事你再钓上来一条啊。须臾，左慈又引一鲈鱼出。曹操不服气，说有本事继续钓啊。左慈又引出一条，总共三条，条条生鲜可爱。曹操又说，"既已得鱼，恨无蜀中生姜尔"，看来他喜欢吃姜香鲈鱼。左慈手往空中一抓，顷刻，新鲜的蜀姜便到手了。曹操暗自诧异。

以上这段"坐致行厨"的故事同样在《后汉书·方术传》中有记录，可见历史上真有左慈其人。

《三国演义》第六十八回中也描述了左慈大变鲈鱼和嫩姜的故事。

毕竟是小说家，罗贯中写得魔力十足：左慈摇身一变成为一位神秘的庖人，向曹操进言，说天下最肥美的鱼当属松江鲈鱼了。曹说，千里之隔，安能取之？咱舔舔口水得了。左慈说这好办，说着便扛上钓竿跑到堂下鱼池中钓了数十尾四腮鲈鱼，并表示，"烹松江鲈鱼，须紫芽姜方可"，说完捞起一只金盆往布袍子里一塞，待取出时，已是满盆紫芽姜，散发着辛辣的芳香味。

宋代苏轼《次韵孔毅甫集古人句见赠五首》中有这样一句："痴人但数羊羔儿，不知何者是左慈。"说的就是左慈被曹操试图捕杀时，藏入了羊群，无从分辨。

这事还得从头说起。一日，"操出近郊，士大夫从者百许人"。大伙跟上曹操郊游野炊，左慈带了酒一斤，鱼肉干一斤，亲手犒劳曹军。就这点不够塞牙缝的东西竟然够上百人吃，而且个个吃得肚圆，撑得不行，是被施予了"轻断食"的魔法？《搜神记》中说，就这样鱼干肉还没有吃完，剩下的统统化成彩蝶飞走了。

不管怎么说，野炊这事让曹操杀左慈的动机彻底暴露了。听到风声后，左慈赶紧跑到了墙壁里面躲了起来。同时又有人发现左慈出现在街市上。曹操立刻派人去抓，不料满街的人都变成了左慈。后来又有人在阳城山头发现了左慈，又开始追，左慈逃入一个羊群，消失得无影无踪。这就是传说中的移形换影大法吧。

大唐政务总管李德裕的日常生活

　　谈起李德裕，人们大都知道他是唐代政治家、文学家，牛李党争中李党领袖，中书侍郎李吉甫次子。两次担任宰相期间，考察图志，革新兵器，西拒吐蕃，南拒南诏，安内攘外，可谓事功赫赫呐。就是这么一位权高位重的大唐政务总管，一生过得跌宕起伏却有滋有味。

　　抛开那些波涛汹涌的党争不说，日常生活中的李德裕却是一个风雅当家之人，喜欢各种奇花异草、珍木怪石，在长安与洛阳都有别墅，人生巅峰时坐在私家花园里会客、品茶、吟唱、作诗、听琵琶、赏山水，有时连续好几天把自己关在亭院闷头处理公务，彰显他专断独慎的一面。总之，作为一国之总管，李德裕博学通达，富而不淫，奢而不昏，为古今士人之楷模。怪不得袁枚在《随园食单》里说李德裕这个人只适合独食，不适合萝卜白菜一锅炖！

　　李德裕是个非常好吃的人，最有名的是他一生食羊近万头的故事。

　　李德裕担任宰相的时候，曾经找过一个能预知福祸的僧人询问前程。僧人观其面告知他：你不久将会被贬谪到南方。李德裕心里一惊，正想问如何化解，那僧人接着说："不用担心，因为您命里需得吃够一万只羊，前程才会到头。现在您还差五百只才吃满，所以就算被贬也会很快回来。"

李德裕爱吃羊，听了这话后决定以后再也不吃了。哪知道十多天之后，有灵武节度使为了讨好他，派人送来了米和五百只羊。李德裕连忙找到僧人，问他如何处置，能不能将羊退回去。僧人说："这羊既然已经到了您府里，吃不吃退不退已经不重要了，看来您南行贬谪之势不得逆转了！"

果然，会昌六年（846年），唐武宗死后唐宣宗继位。宣宗向来厌恶李德裕，亲政的第二天就罢去他的宰相之职，贬为荆南节度使，随后又连贬三次，最终发派到崖州担任司户参军。所谓司户参军，就是一个小小的地方官，主管户籍、赋税、仓库交纳等事。短短两年的时间里，李德裕从堂堂宰相被贬为正七品芝麻官，这人生之路，断崖式下滑。

被贬崖州后，李德裕的官路算是走到了尽头。大中三年农历十二月（850年），这位一度叱咤风云的大唐名相在崖州病逝，时年六十三岁。在崖州不足一年的时光里，他曾给段成式写信描述那边的生活："自到崖州，幸且顽健，居人多养鸡，往往飞入官舍，今且作祝鸡翁尔。谨状。"（《北梦琐言》）信中看不出什么凄切困顿的端倪，事实上关于李德裕的死亡，学界揣测很多。

李德裕活着的时候，"不喜饮酒""不好声妓"也不赌博下棋，却独独钟爱品茶，尤其对水质的要求非常高。他从来不饮京城的水，而是派人专程将常州惠山的泉水装载好经驿站传递到京城。他是品水界的大神，神到什么程度呢？据说他能品出五月初五扬子江之水和建业石头城下之水的区别。

《中朝故事》中记载了一件李德裕的故事。李在京城做官的时候，手下有个亲信奉命出使京口，临走前他对此人嘱咐：你回来时，一定给我捎壶扬子江零水。不料那人乘船经过扬子江时喝醉了，忘了取水。船到石头城下时才想起来，于是就草草打了一壶水回京交差。李德裕喝后很吃惊："江表水味，有异于顷岁矣。此水颇似建业石城下水。"他埋怨水的味道怎么变化这么大，那人一看便瞒不住了，于是向李德裕道出了实情。

现在看来，许多人对李德裕品水之事不太相信，我倒不这么认为：

此人好饮泉水，深谙茶道，受家庭影响甚大，李德裕爷爷李栖筠任常州刺史、浙西观察使期间，与陆羽走动频繁，后来在陆圣人的建议下，李德裕将义兴阳羡茶上贡给皇帝，成为唐朝贡茶的开拓者。父亲李吉甫既是一代名相，也是著名的地理学家，对各地风物颇有了解，尤其推崇蜀茶蒙顶春茶，并在《元和郡县图志》中有所论调。爷爷、老爹都是茗界大师，怎么着，像李德裕这样出身名门之人，其品饮的童子功是有的，何况他学识那么高……

除此之外，我认为李德裕品水的功夫，与一位僧人身传言教有关（是不是能预知福祸的那位僧人，无法考证）。

据《芝田录》记载，有一僧人听闻李德裕常饮惠山水，于是主动上门，说，"李大人，完全没必要舍近求远，我有办法可以让您不出京城就可以喝上与惠山一模一样的水。"李德裕听后哈哈大笑说"真荒唐，俺不信"。僧人说，在京都昊天观常住库后面有一眼井，与惠山寺泉脉相通，"相公但取此井水"。为了验证僧人的说法，李德裕派人"以惠山一罂，昊天一罂，杂以八瓯一类，都十瓯，暗记出处，遣僧辨析"。相当于惠山水昊天水装了各一瓶，混杂的水装了八瓶，共十瓶，每个瓶子上标注水的出处，让和尚分辨，也就是现在人说的盲品了。和尚品尝后，立刻分出了惠山与昊天之水，其余八瓶全都一个味道。李德裕非常惊奇，当即向僧人请教品水的方法。

其实古人品水论水是有传承的。从周秦"天一生水"到老子"上善若水"，从屈原"朝饮木兰之坠露兮"，到唐人关于水的"七品"与"二十等"之论说，从宋代蔡襄提出"水泉不甘，能损茶味"，到清代顾仲在《养小录》论述雨水雪水井水泉水和江河湖海水的区别，及诸多取水藏水之法，足以证明中国的茶水文化非常深厚。由此可见，李德裕贪恋惠山寺泉水，品饮扬子江零水都不是什么奇闻怪谭。

那么李德裕的茶桌上，经常有哪些人光顾呢？李绅、元稹、李商隐、刘禹锡四位大诗人是不可或缺的，裴度、裴璩作为表兄弟，也经常与李德裕混在一起，李党成员郑覃也经常与李德裕一起商讨国事，当然，交流中自然也少不了茶水的滋润。

光喝茶不行，茶歇间得上点水果茶汤之类的，有一次，李德裕在甘子园会客，"盘中有猴栗"，隐士陈坚说："虔州之南有一种'渐栗'，样子像素核。"猴栗，栗子一种，吃起来没什么味道，但在唐代，普通百姓想咬一口没那么容易。有时候，李德裕会给客人备点消食茶。茶是采自安徽舒州郡天柱峰，非常难得，通常情况下，他会提前一天给厨子安顿烹上一盆茶，"沃于肉食内，以银合闭之",浇在肉食内,用银器盖严,等到第二天肉食就变成了可口美味的茶肉汤了。

如果到了夏天,一群人围在一起喝茶酷热难耐怎么办?李德裕有的是法子。唐代康骈《剧谈录》记载,李德裕每次聚会时,"金盆贮水,渍白龙皮,置于座末",意思是说,他将白龙皮浸入盛满水的金盆里,顿时,屋子里像是安装了空调,温度很快就降了下来,客人们品茶论道的雅兴再次提起,纷纷猛吹李大人降温消暑的方法好。白龙皮,是一种药材,可煎汤,可浸酒,可入菜肴。

李德裕虽然不怎么喝酒,但这并不意味着客人来赴宴不备酒。据说在他洛阳的别墅里,"有醒酒石,醉则卧之",这块被称为醒酒石的石头,上面刻有一首诗:"蕴玉抱清辉,闲庭日潇洒,块然天地间,自是孤生者。"此石是专门为那些醉鬼准备的,一旦喝多,让其爬在石头上醒醒酒,反思人生。

李德裕一生为官起起落落,生活也应之有奢有简。唐武宗时,他是皇上身边的红人,生活之奢侈达到了顶峰。"每食一杯羹,其费约三万。"他吃的每一杯菜羹价值高达三万钱,原因是里面掺杂了珠宝玉器,同时还选用了雄黄、朱砂等稀珍食材。这样一杯价值不菲的美味,煎过三次,就将掺杂的珠玉扔掉不要。

史书记载,李德裕还"好饵雄朱",和武宗帝一样,把大量的钱财用来向道士购买丹药服用。从相关记载看,李德裕还花钱供养私人乐手,比如唐代著名的琵琶大师廉郊等。后来李德裕被贬蜀地,树倒猢狲散了,生活没那么奢侈了,一个人常常孤独地品饮蒙顶茶仍是他生活中的全部,以至被贬崖州,从潮州出发经鳄鱼滩时船坏了，随身携带的古书图画也一并沉入水底，可悲身边也没个亲信助手，无人帮他下水打捞。

世事难料，人生无常啊！

到了崖州，迎接李德裕的是极度困顿的生活，从他的信中，可见其举家而迁，生活困窘到了"百口嗷然，往往绝食"的地步，何其凄惨！那时候，他经常登临望阙亭，回望自己的一生，感愤万千，"十五余年车马客，无人相送到崖州"。

垂老投荒，抱憾终生。这种流贬岁月、羁旅愁思让他华发催生，正所谓"寒暄一夜隔，客鬓两年催"。

最是烟火慰东坡

——苏轼与黄州的那些事儿

一

1080 年大年初一,四十四岁的苏轼在轰隆隆的爆竹声中被贬出京,一路向南,过陈州,与苏辙匆匆相见又别。渡淮河,到达湖北黄冈境内的岐亭,著名的游侠陈季常早已骑着大白马迎候在春风岭了。

初春的江南,乍暖还寒,山顶的小风紧一阵松一阵,梅花幽幽地开,不时飘落于溪水之中。苏轼想起了南朝陆凯赠范晔诗的句子来,"折花逢驿使,寄与陇头人"。

年年岁岁花相似,岁岁年年人不同。老苏下意识地折了一枝梅花,一股异常扑鼻的"返魂香"令他倍感虚空!

人生浮沉,历经生死,谁又是他的那个"陇头人"呢?

罢了,还是珍惜人生景,怜取眼前人吧,想到此,他轻轻呷了一口新酿的竹叶酒,为陈季常即兴吟了一首诗。

老友相聚,格外亲热。陈季常一定要尽尽地主之谊。

苏轼在诗中记录了当时的情景："抚掌动邻里，绕村捉鹅鸭。房栊锵器声，蔬果照巾幂。久闻蒌蒿美，初见新芽赤。洗盏酌鹅黄，磨刀削熊白。"

肥美的鹅鸭，鲜亮的果蔬，刚从江边薅来的蒌蒿，还有采自当地的香茶，这顿九百多年前扎实又可口的农家饭菜，出自陈季常老婆，一个贡献了"河东狮吼"这一典故的彪悍主妇。

饭菜上桌，陈先生拿出自己珍藏多年的黄藤酒，二人边品边聊，酒过三巡，老苏的话多了起来，怪嗔陈季常，不该因他的到来兴师动众，更不必杀生，要怜惜生灵，其实吃点野菜喝点小酒就可以了。

"乌台诗案"之后，身受牢狱之苦的苏轼越来越言谨慎微，阅读佛书，借助佛学隐身、归心。

在岐亭短暂停留了五日，苏轼继续赶路。

二月一日，终于抵达了荒凉偏僻的黄州。

在黄期间，苏轼又往返岐亭数次，既风雅兴寄，又打诨插科，与陈大侠二人之间毫无秘密可言。

有一次苏轼去陈那里做客，宴会期间，主人呼啦一下招来一群穿红裙的村姬，围着心仪已久的偶像问这问那，老苏乖乖作答，继而乐得哈哈大笑，赶快给季常使眼色，意思是，可别让你那位"河东狮"知道了，否则吃不了兜着走。

当时的苏轼，官方身份是黄州团练副使，八品官，没什么实权，何况戴罪在身，走到哪也不招人待见，好在总有那么几个铁杆挚友追随着他。

来到黄州后，苏轼被安置在定惠院，整天和僧人混在一起，粗茶淡饭，补破遮寒，"幽人无事不出门"，他觉得这一辈子真得要"当一天和尚撞一天钟"了。

定惠院坐落在黄冈县东南处，这里茂林修竹，杂花满山。

有一棵海棠格外招人眼目，当地人见怪不怪，苏轼却将其视为万物化育而来的神物。

有时候一个人散步逍遥于树下，自言自语："雨中有泪亦凄怆，月下无人更清淑。"

一个中年人的孤独、彷徨、寂寞的心绪昭然若揭。

二

有一个人的到来，彻底治愈了苏轼萎靡不振的姿态。

此人正是远道而来的老朋友杜道源，同行的还有其大儿子杜传。

父子二人带来了两样时兴的礼物，菩萨泉水和荼蘼花，这让苏轼大受感动，发自内心地说："谪寄穷陋，首见故人，释然无后落之欢。"

贬谪落难之际，异乡见故人，这样的故人无异于亲人。

四月十三日，苏轼与杜氏父子同游武昌寒溪，得到了西山寺僧人热情招待，他们边吃着酥饼，边品鉴菩萨泉水茶，寄情云水，忘掉世间烦忧。

寒溪山间曾是孙权读书理政的地方，造访先贤故址，老苏瞬间被唤醒："寒泉比吉士，清浊在其源""嗟我何所有，虚名空自缠。"

漫步于水光山影间，苏轼顿感体内有一股清洁的力量在缓缓升腾，涤荡着他的心智和灵魂。

苏轼与杜氏同为乡僚。杜道源父亲是杜君懿，与苏洵交好。杜君懿对苏洵这两个儿子可谓欣赏有佳，曾把自己珍藏多年的两支宣州诸葛笔送给了进京赶考的兄弟俩。

此次造访，正值杜传即将接任黄州县令，杜道源也想借机多待时日，也好陪伴一下"寂寞沙洲冷"的苏轼。

苏轼住在城南郊外，杜道源临时住在城内，二人经常相约品茶论人生。

有一次苏轼去找杜道源，结果扑了个空，于是写了张便条别在门缝怅然离开了，这张条子就是赫赫有名的《啜茶帖》："道源无事，只今可能杜顾啜茶否？有少事须至面白。孟坚必已好安也。轼上，恕草草。"

大意是说，道源兄，如果闲着没事，来我这儿喝喝茶呗，顺便有点小事与你当面聊聊。杜公子当县长的事办妥当了吧。我是苏轼，来得匆忙，写得潦草，别介意啊！

苏轼与杜道源从小一起长大，凡事不见外。

有一次，苏轼收到陈季常寄来的覆盆子，为了表达感激之情，便托杜道源为住在一百多里外的陈季常捎帖子。

恐怕老苏也没想到，他顺手划拉的《覆盆子帖》竟然穿越历史烟尘，如今静静地躺在台北故宫博物院里，成为无价之宝。

毫无疑问，杜氏父子、陈季常等人对苏轼无微不至的关照，"若江海之浸，膏泽之润"，使这位初来黄州惊魂未定的失意才子"涣然冰释，怡然理顺"。

三

1080年五月底，苏辙利用休假时间，领着嫂子王闰之，两个侄儿苏迨、苏过，以及朝云等人奔黄州而来。

六月，兄弟二人划船渡过江水，同游西山。

登高望远，西山美景尽收眼底，群山连峰，大江奔涌。山中草木茂盛，白泉清冷如牛乳。

武昌县令李观佐携厨师团队在山上设宴招待苏氏兄弟。

随后，苏辙写了《黄州陪子瞻游武昌西山》，"黄鹅特新煮，白酒近亦熟"，苏轼也留下了"黄鹅白酒得野馈，藤床竹簟无纤埃"的佳句。李县令的"黄鹅白酒"见证了兄弟二人难分难舍的情义。

经历了生死离别后，苏轼一大家子终于实现了团圆梦，但几十口人，总不能挤在寺院吧，为此苏轼愁苦不堪。

好在老友鄂州知州朱寿昌鼎力相助，关系疏通到徐君猷那里，苏轼一家人才搬进了城南门外的临皋亭，这原本是一处废弃的回车院，即水上驿站。

对于这个地方，苏轼非常满意，给范子丰写信一顿吹嘘：

"临皋亭下不数十步，便是大江，其半是峨眉雪水，吾餐食沐浴皆取焉，何必归乡哉。江山风月，本无常主，闲者便是主人……"（据苏轼《临皋闲题》）

对于大自然的恩赐，他心存感激，对于危难中向他伸出援助之手的朱寿昌，苏轼也表示每饮一口长江水，觉得"皆公恩庇之余波"。

没什么俸禄，一家人的日子过得紧紧巴巴，苏轼梦想着有一块自主耕种的田地多好。

京城的朋友马梦得出差顺道来看望他，了解了老苏的处境后，仗义执言，向当地政府要来了一片位于城东山坡上的荒地，约五十亩，苏轼起名为"东坡"，自号"东坡居士"。

"力耕不受众人怜"，接下来，苏轼开始买牛垦荒，自食其力：沼泽湿地种稻子，平缓坡地种枣树和栗树，其余地方种黄桑、麦子以及花草等，再择一块风水佳的空地营造宅子……

春去冬来，辛劳又一年。

四

1081 年的初春，黄州下着大雪，透过竹光野色，有一个瘦长的身影披着蓑衣在山坡上晃动着。

苏轼依水路又在开挖池塘，他想养一些鱼虾蟹贝之类。

东坡附近有一块废弃的养鹿场，也被他改造成了"东坡雪堂"。

雪堂周围有浚井、微泉、细柳、枣栗等，甚至还有委托友人巢谷从老家带回的元修菜，有向桃花寺的大冶长老讨来的桃花茶树……

不久，潇洒明润的毛滂从筠州赶来，他是第一个造访"东坡雪堂"的人。

二人唱和，苏轼作《次韵毛滂法曹感雨诗》，酬和了二人见面时的情景：

雪堂刚刚覆上新瓦，草竹混编的席子还没铺好，在如此窘迫的环境下接待远道而来的毛滂，苏轼有点过意不去，他说，"悲吟古寺中，穿帷雪漫漫。他年记此味，芋火对懒残"。

不论时空如何反转，世间伪善何等杂陈，人的味觉是不会有欺骗性的，苏轼告诉毛滂，不管过多少年，一定记得我老苏为你守在柴灶前煨芋火的情景……

苏轼与毛滂父亲毛维瞻是好友，毛滂虽性情狂狷，但在苏轼面前还是个乖乖的学生娃，二人年龄相差近二十岁，早在杭州相识，曾得到过老苏的片言褒赏。所以，苏轼写给毛滂的这首酬作，多少有劝诫自己也有勉励毛滂的味道。

毛滂离开后，雪堂来客不断。

有从绵竹来的杨世昌道士，有从远处逃亡而来的巢谷，有从庐山来的琴师崔闲，有从天目山来的和尚参寥等等，浪荡江湖，粗茶淡饭，谁来到雪堂自会坐忘人世，知命无求。

五

1082 年，种在东坡上的大麦成熟了，收获了三千余斤，但卖不上价。

当时家里的大米也正好吃完了，外县的米，水路运送需多日才到。

"先生年来穷到骨，问人乞米何曾得。"为解燃眉之急，苏轼便教佣人捣去大麦的麸壳代饭吃。

只是大麦绝不如大米细口好吃，嚼在嘴里，发出啧啧的声音，孩子们打趣说像是嚼虱子。

中午饿了，再用浆水淘食之，自然、甘酸、浮滑，苏轼说这样的麦饭有一股大西北村落的风味。

有时候往大麦里掺上小豆，如此创新出来的饭更有味道，王夫人笑称"二红饭"……

即使日子过得并不如意，老苏一家人却也恭俭而不迫，忧思而不怨。

来到黄州的最初一两年，苏轼喜欢四处转悠，整天挂个藤杖，这儿瞧瞧，那儿看看，混迹于渔樵农夫之间，正所谓"先生食饱无一事，散步逍遥自扪腹"。

"长江绕郭知鱼美，好竹连山觉笋香。"

苏轼很快盯上了当地的特产，一来是天生长了一张好吃的嘴，同时也是迫于生存，使得他不得不寻思借以糊口的水产山货。

有一次巡视水路，在渠沟边发现了水芹菜，他立刻想到家乡的一道美味来——芹芽脍斑鸠，当即吟道，"泥芹有宿根，一寸嗟独在。雪芽何时动，春鸠行可脍"。芹芽有，可是去哪抓斑鸠呢？

这道菜其实就是芹菜炒斑鸠胸脯丝，因被苏轼代言，后人称之为东坡春鸠脍。

对于长江鱼的烹制，老苏摸索出了一套煮鱼法："以鲜鲫鱼或鲤治斫冷水下入盐如常法，以菘菜心芼之，仍入浑葱白数茎，不得搅。半熟，入生姜、萝卜汁及酒各少许，三物相等，调匀乃下。临熟，入橘皮线，乃食之。"

这种做法省去了煎、炸、蒸等工序，直接冷水下锅，洒一把盐，再覆上一层白菜心，扔进几根葱白，水沸后加入生姜、萝卜汁及酒等佐料，出锅前再放橘皮丝，既祛除鱼腥味，也增添几分独特的清香，让舌尖上的长江"超然有高韵"。

黄州并不大，经苏轼一番地毯式考察，被翻了个底朝天，最后得出的结论是："黄州食物贱，风土稍可安。"

在给秦观的信中，苏轼讲述了黄州的风土人情。

他说自己有时候贪恋对岸的风景，每每遇风涛，便避在老乡王齐愈家。王也是个诗歌爱好者，视苏轼为超级偶像，说话口吃，但有一手好厨艺，经常为苏轼"杀鸡炊黍，至数日不厌"。

苏轼告诉秦观，黄州柑橘椑柿极多，味道也非常鲜美。而且这里的芋头个大，一点也不逊色于蜀中。

"羊肉如北方，猪牛獐鹿如土，鱼蟹不论钱。"食材丰腴，却未必廉价，以苏轼当时的经济实力，羊肉肯定是吃不起的，獐鹿这类野物恐怕难以企及，鱼蟹估计时常能吃到，但也不是顿顿吃。

黄州诗人潘大临开了一所酒坊，专门酿制逡巡酒。

这种酒萃取一年中上好的桃花、马蔺花、脂麻花、黄甘菊花，阴干后于冬天用腊水泡制到第二年春分，再加秘制曲包封存而成。

有一次，酒酿好了，潘诗人兴冲冲地邀请苏轼品鉴，不料被吐槽，"莫作醋错著水来否"，老苏说，太酸了，这玩意还是酒吗？

苏轼时常抱怨，黄州村民自酿酒实在是太难喝了，"酸酒如庙汤，甜酒如蜜汁"。

怎么办？那就自己动手吧。

1082 年 5 月，苏轼从西蜀道士杨世昌（与苏轼泛舟赤壁吹箫的那个人）手里拿到了一个做蜜酒的方子：从炼蜜到入热汤，再到加面曲，发酵，只需三天时间，蜜酒便可"瓮香满城"。他从酿酒中悟出了人生哲理——"古来百巧出穷人"，真正的创造源于底层劳苦大众。

苏轼告诫自己，"醉乡路稳不妨行，但人生要适情耳"。人生行路，不论何等艰险，醉生梦死的回乡路永远是抚慰人心的。

但饮酒一定要适情适意，遇上顺应的人，多把盏无妨，遇到人渣，坚决保持清醒，万不可贪求。

朝炊一盂饭，夕寄一榻眠。

苏轼喜欢吃，但并非饕餮之徒。来到黄州后，日日读佛典，天天抄经书，常常做善事，对待生活的态度愈加倜傥豁达，任性天真，饮食也注重养生节俭。

六

1083 年春夏，苏轼患上了红眼病，且肺咳不停，"卧疾逾月"不出门，关于他病死的谣言风靡都城，从深宫大院到街头巷尾，人们都在八卦着这位明星人物的故事。

这样的消息传到苏轼耳中，他哈哈一笑了之。

倒是王夫人时时唠叨，使得他不得不珍视自己的身体，酒也开始克制起来，以致于经常给他送酒的乐京来访时，他以"卧疾"为由推托致歉，可见其决心。

老苏在膳食养生上提倡"三养"，即"安分以养福，宽胃以养气，省费以养财"。不仅如此，他还时常与朋友分享自己的"三养"成果。

比方说，他曾把做好的斋饭送给好友孟震，并写信道："今日素斋，食麦饭笋脯，有余味，意谓不减刍豢。念非吾享之，莫识此味，故饷一合，并建茶两片，食已，可与道媪对啜也。"（苏轼《与孟亨之》）

老苏告诉对方，麦饭、笋干的味道并不比肉差，吃后再泡杯建茶，与道姑在一起品鉴，乐趣妙曼无穷。信里提到的"道媪"指吃斋饭的道姑。也有人认为是孟震的夫人。总之，后面的话带有打趣调侃的意味。

麦饭笋脯真的比肉好吃吗？未必，面对生活困境，苏轼只好玩心理疗馋战术，他在写给毕仲举的信中说："偶读《战国策》，见处士颜蠋之语'晚食以当肉'，欣然而笑。"

颜蠋给他的启发是：晚点吃饭，让饥饿变得更加饥饿时，吃什么都会有肉味儿。哪怕是"菜羹菽黍"，也能吃出八珍的味道来。

为了验证这一点，他"以菘若蔓菁、若芦菔、若荠，揉洗数过，去辛苦汁。先以生油少许涂釜，缘及一瓷盌，下菜沸汤中。入生米为糁，及少生姜，以油盌覆之……"（据苏轼《东坡羹颂》）这就是东坡羹，味道有"自然之甘"。

到了年底，家家户户杀猪祭祖，苏轼一家人便围着土炉说说笑笑，好不祥和。人间第一等的好事，莫过于此了。

灶台上的事，苏轼躬体力行，常常亲自煮猪头、灌血精、作姜豉菜羹，虽在黄州，但做的饭菜却有浓浓的家乡味。

众所周知，老苏喜食猪肉，认为猪肉"实美而真饱"。

来到黄州后，他研发了一套猪肉的烹饪方子，并向当地老百姓广而告之：

"净洗锅，少着水，柴头罨烟焰不起。待他自熟莫催他，火候足时他自美。黄州好猪肉，价贱如泥土。贵者不肯吃，贫者不解煮，早晨起来打两碗，饱得自家君莫管。"（苏轼《猪肉颂》）

炖猪肉，苏轼一再强调要"柴火慢炖"，他说千万别急，让食物"自熟"，继而"自美"吧。

由此可见，苏轼于锅碗瓢盆间思考，平淡的饮食之乐中彰显出他的儒道意识。

七

苏轼在黄州的朋友，凡酒友大多也是茶友。

他们是村头的老翁，是游侠，是地方官吏，也是寺院里的僧人……

老苏对茶可谓一往情深，不仅与友人相约深山溪谷煎茶，也会冷不丁推开乡邻柴扉去蹭茶。

每时每刻享受烹茶的雅趣，品味茶中人生，正所谓"——天与君子性"。

他甚至从茶中品出了自己，品出了"也无风雨也无晴"的旷然心迹。

苏轼自己有好的茶，也毫不吝啬，大大方方地送朋友，比如他把送给周安儒的茶自诩为"灵品"，超脱于人间一切草木，这种茶"香浓夺兰露，色嫩欺秋菊"，喝一口"意爽飘欲仙，头轻快如沐"。

他给徐君猷送牛尾狸的时候，还不忘给徐的小老婆送建溪双井茶，外加一桶谷帘泉。

千古至今，恐怕没有谁比老苏在送礼这个问题上拿捏得如此丝滑精准，可谓情商至高。

即使如此，苏轼与徐君猷在人们看来仍是君子之交的范例，徐死后，东坡撰写祭文，称赞他讨厌金钱，不喝酒，但好客，有"建安之风流"。

当然，苏轼也种茶。1083年3月，他去大冶桃花寺向长老求桃花茶栽种，并作诗幻想"他年雪堂品，空记桃花裔"，可惜，没等到桃花出芽，他就舍下"东坡雪堂"离开了！

1084年3月，宋神宗认为苏轼"人材实难，不忍终弃"，于是龙笔一挥，写下调令，将他派到汝州担任团练副使，基本上可有可无。

神宗的这波操作，看似救赎，事实上也是虚晃一枪，并非平反起用，像"团练副使"这样的官职在帝国庞大的躯体里，只是微尘一粒。

要离开黄州了，不舍不离，自觉有一肚子的话要说，他第一时间想到江对岸的王齐愈，于是写信邀他过江一叙："本意终老江湖，与公扁舟往来，而事与心违，何胜慨叹！计公闻之亦凄然也……"

苏轼告诉王齐愈，本想在黄州做个东坡老农，终老一生，无奈圣意难违，眼看要走了，心里那个乱啊，我恳切希望您这两三日抽空过来，有些事需咱们见面说说。

天下没有不散的宴席。从黄州郡将，到山野乡邻，都赶来送老苏，大伙纷纷拿出酒肉，为他设宴饯行，并劝他以后要谨慎行事，以保平安。

席间，一位名为李淇的歌姬拉住老苏的手不放，说一定要求一幅墨宝，东坡毫不犹豫地提笔书写了《赠李淇》："东坡四年黄州住，何事无言及李淇。却似西川杜工部，海棠虽好不吟诗。"

"问何事人间，久戏风波。"老苏在黄州基层的一番洗练，猛然令他通透。

四月七日，"自笑平生为口忙"的苏轼道别了堂前细柳，道别了江南父老，乘船过江，携家眷离开了黄州。

直到去世，他也没有再踏上这片烟火浓浓的土地……

"邋遢大王"王安石

宋代崇尚士林风雅，如果一个文人，不懂得游宴狎妓、听歌观舞，会被人鄙视的。

王安石就是这么一个人。从小就是"学霸"的他，平日里除了读书还是读书，不理发，不洗澡，不参加派对，人间风情他不解，一心只想考功名。正所谓"颜值不行，才华来凑"。

据说王安石眼睛长得像司马炎的女婿王敦，说明也是蜂目，威严勇烈。《宋史》记载，有面相师说"安石牛目虎顾，视物如射，意行直前，敢当天下大事"。黄庭坚见过王安石后也被他那双大灯泡般的眼睛所折服："人心动则目动，王介甫终日目不停转。"就连晚生陆游在五十年后也发出了"王荆公目睛如龙"的感叹。

奇人必有奇相，奇相必有奇命。王安石后来果然当了官，拼到宰相的位置上，试图像奥特曼一样拯救世界，不料处处树敌。即使是皇上，他也敢当着面怼，一言不合写辞职报告卷铺盖回家，把京城官场搅得乌烟瘴气。

王安石是个有争议的人，变法失败，自然成为众矢之的。

头号抹黑他的人物就是苏洵，苏洵凭《辨奸论》跻身"唐宋八大家"，批王安石"囚首丧面"，也够损的；沈括埋汰他脸鳖黑，是长期不洗澡的缘故；写《邵氏闻见录》的那个邵氏，直笔丑化王安石之子王雱的形象，说他性情阴恶，要削掉韩琦、富弼的头悬于菜市，简直就是个变态狂；等等。这些人抹黑王安石的目的，如清代李绂所言，是为了"使天下后世读之者，恶元泽因并恶荆公。"

那么真实的王安石到底是怎样的？

生活"邋遢"没有品位，据说有一次开会的时候，虱子顺着他的脖子光顾到胡子上直播跳舞，连神宗也忍不住笑了。还有一次，王安石和吕惠穆、韩献肃三人去僧寺里洗澡，同伴偷偷为他备了一件更换的新衣，王安石出浴后竟然二话不说穿上就走，也不问衣服是哪来的。

晚年的王安石退居二线做学问、向佛事，时而骑着毛驴游四方，看野寺云卷云舒，时而与南来北往的清尚之士，共尽朝夕、品享食寡人生。就这样，王相公走过了一生，临终前，把所有房产捐出去变成了庙，留下惆怅几许供后人唏嘘。

总之，成也好，败也罢，王安石以他的"邋遢引力"，冰冷绝意地将帝国的天空引向了最后的倔强……

糊涂吃学有假象

作为一个载入史册的"邋遢大王"，在吃上，王安石更是不挑不捡，没有胡吃海喝的积习。

有一天，王夫人听说自家相公只吃獐肉，其他菜一筷子都不动，觉得很奇怪，心想，那个木头疙瘩，平时给啥吃啥，哪有什么嗜好啊！为了破解传闻，王夫人给安石的秘书交代，说下次换道菜放在他的眼皮下试试看，秘书照做了，结果离筷子近的菜被吃光了，而那盘獐肉却丝毫未动。

这样的糗事时有发生，甚至丢丑丢到了国宴上。

宋仁宗时，王安石为知制诰，即皇帝办公室负责草拟诏书的官员。《邵氏见闻录》记录，在一次赏花钓鱼宴上，工作人员将鱼饵端上放在茶几上，一转眼，却被王安石给吃了个精光。这事很快传进皇帝的耳朵，第二天开会时说："王安石诈人也。使误食钓饵，一粒止矣；食之尽，不情也。"皇帝说王安石你可真是个怪人，就算误食鱼饵一粒也就罢了，竟然硬生生将一整盘的鱼食给吃了，太不合情理了吧。

王安石对自己狠，待别人也够狠的。说他节俭吧，近乎没有人情味。

做宰相的时候，儿媳妇家的亲戚萧氏子来京城，王安石请客。"萧氏子盛服而往，意为公必盛馔"，萧氏觉得这么大的官请客吃饭，一定是盛宴，于是就早早到了。结果一直等到中午还不见开席，甚至连盘水果都没有。好不容易开席了，他所期待的山珍海味没有，只上了两块饼子，外加几块肉。萧氏很不高兴，连掀桌子的心情都有了，但毕竟是客人，得矜持，所以他采取报复性用餐羞辱亲家，"惟啖胡饼中间少许留其四傍"，将饼子中间挖着吃掉，四边都留下。王安石见状，拿过来自己吃了，萧氏子顿时傻眼了。

在吃这件事上，王安石与苏东坡的风格完全不同。

平日里喝酒还得看心情，心情不好，天王老子劝也没用。某日，包拯请他的两位下属司马光、王安石喝酒赏牡丹。司马光虽然不善饮酒，但为人圆滑，不愿驳领导的面子，强饮数杯，"介甫终席不饮"，王安石却自始至终连酒杯都不碰一下，包拯也不能勉强他。

那时候，王安石和司马光的关系没有破裂，二人与吕公著、韩维组成了一个很有名气的铁桶圈子，下班后经常聚在一起笔砚厮磨，品评看佳，"暇日多会于僧坊，往往谈燕终日"，其他人纵使有多羡慕嫉妒恨，那也很难挤进这个高规格的圈子内。

王安石对"吃"不上心，这只是他的一个侧影，或许是一种假象。

你说他对吃没任何兴趣吧，却对海鲜如痴如迷。

北宋时期，随着南北文化交融，中原人已经不满足于只吃牛羊肉、酪浆等，一些新奇的海鲜涌进京都，撩拨着士大夫们胃里的馋虫，他们要吃米饭配鱼汤，要在餐桌上品评吟诵竞风潮。

北宋一哥欧阳修就是一位舌尖推手，有一次他邀请梅尧臣、韩维、王安石等人到家里品尝车螯（蛤的一种），顺便搞个同题诗会。

红炉炽炭烹车螯！这玩意大伙都第一次见，很稀奇。欧阳修先动筷子，其他人哗啦跟上，吃了几口，连连赞叹。

欧阳修率先写下《初食车螯》："……螯蛾闻二名，久见南人夸。璀璨壳如玉，斑斓点生花。含浆不肯吐，得火遽已呀。共食惟恐后，争先屡成哗。但喜美无厌，岂思来甚遐。多惭海上翁，辛苦斯泥沙……"韩维同步唱和，"有馈奇味众莫觇，久秘不出须宾酤"。梅尧臣吟道，"王都有美酝，此物实当对"，在老梅看来，车螯配上美酒味道会更好。

王安石则一口气写了两首，即《车螯二首》，其一："车螯肉甚美，由美得烹燔。壳以无味弃，弃之能久存。予尝怜其肉，柔弱甘咀吞。又尝怪其壳，有功不见论。醉客快一噀，散投墙壁根。宁能为收拾，持用讯医门。"这首诗写得细致入微，交代了车螯的烹制手法和吃法，连酒后醉态也一并刻画，穿过历史的云烟，我们都能感受到当时用餐的场景是何等狼藉，吃相是多么难看。

在宋代，海产品已经成为上层阶级打点关系的伴手礼，其中食蟹风潮尤为强劲。

当时，有一个叫吴正仲的人频繁出现在王安石和梅尧臣的朋友圈里，应为二人的共同好友。吴与梅是安徽老乡，他们的关系更铁，王安石则是通过梅尧臣认识的吴先生。

王安石在给吴正仲的一首诗中写到了吃蟹的情景："越客上荆舠，秋风忆把螯。故烦分巨跪，持用佐清糟……"这年秋天，一场食蟹雅集正在举行，参加的人有梅尧臣、吴正仲等。秋风起，蟹正美，大伙乘上小船，肥蟹佐上美酒，宴游山水，优哉游哉。

种种迹象表明，吴正仲经常给王安石、梅尧臣送蛤蜊、活蟹、茶酒，还曾私下给老梅送过金盏子和叠石，想必也是个狠人。梅尧臣有诗《杜和州寄新醅吴正仲云家有海鲜约予携往就酌》，说的是，吴家有海鲜，梅先生提着酒呼朋唤友去拼餐，难道这吴正仲家是开海鲜大排档的？

风物有味不论钱

读王安石众多酬唱的诗词，多处表露出了他对地方风物特产的格外关注。

王安石有个写诗的二妹夫，名为朱昌叔，二人关系特别好。朱昌叔在江阴任职时，曾邀请王安石做客游玩。这次，王安石发现江阴离大江很近，较为偏僻，杂人不多，公事少，没有迎往送来的社交之烦，生活非常优逸，更重要的是，"海外珠犀常入市，人间鱼蟹不论钱"。

看来王安石还是想靠水吃水，这里的鱼接海随时足，而且非常便宜。他心动了，渴望在这个依山傍水的外贸小镇永远待下去，天天吹着海风晒着日光浴吃海鲜。当时，王安石在舒州任通判期满，正好借入朝见皇帝的机会，申请"求守江阴"，可惜没了下文。这一年，1055年，王安石三十五岁。

为好物代言，王安石责无旁贷。1080年的秋天，六十岁的他收到好友耿天骘从桐乡带来的香梨。一番道谢是客气，但以诗奉酬那便是必受不让的礼节。他说"极荷不忘"，是因为的确感受到了来自"故乡"的浓情。

安石曾在桐乡石溪新庄生活过一段时间，这里有绵延的山，有长流的水，有他的私宅新屋平山堂，次子王旁、孙子王桐都是喝着古老的石溪水长大的，故而有"故乡"的认同感。"今日桐乡谁爱我，当时我自爱桐乡"，在王安石看来，爱是不需要理由的，就连时光也磨灭不了这份刻骨的记忆。

二次罢相回到江宁府的王安石，时时回想着与神宗耳鬓厮磨的日子。纵使有人反对变法，但苦从甘来，成效还是有的，瞧，江南大地处处彰显出"革新"的生机：

初夏江村，轻衣软履走出宅院，一抬头，便能看到沙洲上堆满了银光闪闪的鲥鱼，水边的芦笋肥硕甘美，味胜牛乳。又是一个丰盛年啊，王安石随口吟道："鲥鱼出网蔽洲渚，荻笋肥甘胜牛乳。"鲥鱼是公认的江南美味，与苦笋炒制，便是佐酒佳肴，连鳞蒸食，味道也不错。欧阳修也曾盛赞"荻笋鲥鱼方有味，恨无佳客共杯盘"。王安石突然意识到，在诱人的美味面前，他的胸腔里竟然也挂了一副和欧阳文忠公一模一样的胃囊。

王安石一生没有涉足漳州，却对漳州的风物了然于心。

好友李宣叔即将启程赴任福建漳州，王安石为他撰写送别诗：《送李宣叔倅漳州》，这首诗一开始写了漳州的偏僻荒凉与环境恶劣，一个鸟不拉屎的地方，一年到头来不了几个客人。但总归给新赴任的李宣叔一点盼头吧，于是他笔锋一转，说"野花开无时，蛮酒持可酌"，就着野花喝蛮酒，倒是一种别样的体验。不过对于王安石来说，最令他垂涎三尺的还是漳州的海鲜以及瓜果。"珍足海物味，其厚不为薄。章举马甲柱，固已轻羊酪。蕉黄荔子丹，又胜楂梨酢。"他向李宣叔推荐，章鱼和瑶柱可要比羊酪美味多了，橙黄的香蕉和鲜红的荔枝也胜于山楂和梨子。王安石告诉李宣叔，有这么多的美味，即使荒蛮又何妨呢？放心去吧。

茶法背后观人性

在那个花团锦簇的时代里，王安石始终以特立独行的方式，鄙视一切故弄玄虚的礼节，厌弃一切精致主义的行径，用见招拆招的手法，对一切繁文缛节进行拆除。

1061年，四十一岁的王安石去见蔡襄，当时，他还只是个小学士，即知制诰，但是名气已经很大了。蔡大人一看王安石来了，非常开心，亲自清洗茶具，翻出他珍藏多年的极品茶，当场为王安石表演了一套茶艺，并且从茶的外形、香气、汤色、叶底吹嘘了个遍，然后静等王安石开口夸赏。

不料王安石坐在太师椅上一言不发，然后从随身携带的夹袋中抓出一撮消风散投进杯中，冲水后，咕噜咕噜地喝了起来。这让蔡襄很尴尬。喝完茶，安石这才慢吞吞地从嘴里蹦出四个字来："大好茶味。"言外之意，你那破茶还不如我这中药配方，喝下去祛风化痰，六腑清爽。蔡襄先是愣了一会，随即哈哈大笑，说安石老弟果然率真幽默，今天算是领教了。

蔡襄是大书法家，同时也是著名的茶学家、斗茶大师，中国团茶鼻祖，一度将建茶推到一个至高点，在茶道上非常讲究。如果能一睹他亲自表演茶艺，那便是茶人的福分。然而就是这样一个人，却在王安石面前斯文扫地，颜面尽失。

不能说王安石对茶一窍不通，与蔡襄不同，他不关注金絮采缯这些外在的物质玩意，而是更关切茶饮表象背后的逻辑哲学，从这个意义上来讲，王安石更像是一个不断在官宦人生上爬坡的思想者。

据说王安石擅长鉴水，通过茶水能识别出水的来源来。

冯梦龙在《警世通言》中讲了这样一个故事：说王安石晚年患上了哮喘病，得用长江三峡瞿塘中峡水泡江苏阳羡茶才能收效。有一年苏东坡去黄州，王安石委托他中途经过中峡时取上一瓮水。不料船行至下峡时他才想起老王的嘱托，没办法，只好取下峡的水了。

水送回来后，王安石当着老苏的面沏茶品味，喝着喝着便觉得不对劲，最后眉头一蹙说，苏公子，此水出自下峡当真？苏东坡觉得很纳闷，就想继续听下去。王安石轻轻呷了一口茶水，说上峡水流太急，下峡水流太缓，只有中峡水流缓急相当，水流的速度影响着阳羡茶，上峡茶水味浓、下峡则味淡，中峡不浓不淡刚好，最适合润喉。好一个沉毅深算的王荆公！苏东坡听后大吃一惊，但他又故作镇定，欠欠身子，既为自己的草率而内疚，又向王丞相表达敬意，同时也以此来掩饰他内心的不安。

王安石也未必那么神，但为什么能辨出三峡的水呢？我想这里涉及一个日常经验与逻辑推断的问题，即他合理地预判到，刚出狱的苏东坡乘船经过瞿塘时，心情败坏，将导致他必然错过一峡二峡汲水的机会⋯⋯

1069年，王安石四十九岁，这年三月，他寄新茶给弟弟安国、安礼。

茶自然是好茶，建安北苑产的龙团，都是皇帝送的极品贡茶。王安石不是一个附庸风雅之人，茶到了他这里只作中转，随即又散出去。

这一天，他将茶打包题签，分别附上诗歌，即《寄茶与平甫》《寄茶与和甫》。然后，他将目光投向窗外。阳春的开封太旱了，柳叶儿开始打卷，他想起前不久跟随皇帝去大相国寺祈雨的情景来，内心陡然泛出一丝湿润的潮意来。

"碧月团团堕九天，封题寄与洛中仙。石楼试水宜频啜，金谷看花莫漫煎。"在写给平甫的诗中，王安石没有讲大道理，只是出于兄弟本心，提醒弟弟在洛阳香山小口慢饮，在金谷园赏花游览时煎茶莫忘及时熄火，注意掌握火候。

"彩绛缝囊海上舟，月团苍润紫烟浮。"王安石把皇帝赐的团茶，通过茶饼的形状、质感、颜色等全方位向王安礼描述一番，最后笔锋一转，说"集英殿里春风晚，分到并门想麦秋"。原来，当时王安礼在并州任职，精美的包装是从王安石办公的集英殿寄出，他估摸着，对方收到大约会在麦黄时节。

宝贵不染荆公心

王安石权高位重，在那个崇尚功名利禄的时代，巴结他的人多了去。但他从不收受不明不白之物，在他看来，世上最好的东西是没有被功利化的东西。正如欧阳修所评述的那样，王安石"器识深远，沉静寡言，宝贵不染其心，利害不移其守……"

薛向原为邠州司法参军，后来因为军事上出了点问题，被罢到潞州。

潞州即现在的山西长治，辖区壶关县紫团山极盛一时，据说"紫团真人"在此修行炼丹，而且此山盛产的紫团参，自古颇有名望。

1068年，薛向从潞州返回京城汇报工作，给王安石带去了紫团参，却被拒绝了。

众所周知，王安石有哮喘病，用药需要紫团参，但有钱不一定能搞到手。可他为什么不领薛向的情呢？关于原因，沈括在《梦溪笔谈》作了记述，"平生无紫团参，亦活到今日"。

王安石是个执拗之人，他说，我这辈子没吃过紫团参，不也照样活到了今天么。这让薛向好生尴尬，但丝毫不影响二人的关系。在御史多次阻拦的情况下，王安石仍在朝中力挺薛向，才使他在皇上面前议论兵事，受到重用。

据说还有一次，一位地方官员听闻王安石酷爱收藏文房诸宝，于是给他献来了一方宝砚，并吹嘘道："呵之可得水。"王安石听后哈哈大笑，他反问对方："纵得一担水，又能值几何？"那人当场羞得无言以答，只好收起礼品匆匆告辞。

这就是王安石的怼人方式：妙语拒辞，根本不给对方留情面。

1070年12月，气温骤降，京城里外普降大雪，雪深有四五尺，王安石迎来了人生的高光时刻，他被委以重任，担任宰相一职，成为真正的政坛大佬。

当天，文武百官数百人涌进东府，拎着礼品向王安石道贺。全部被他拒之门外，一个都不见，更不说感谢的话。魏泰在《东轩笔录》中说，那一刻，安石与他在西庑小阁谈话，忽然眉头拧结到一起，望着窗外的飘雪，拿起笔写下了这样一句诗："霜筠雪竹钟山寺，投老归欤寄此生。"

上任第一天，老王就耍帅装酷，蹦出告老还乡的念头。这位敏感、任性、独断的"射手座"，真是让人琢磨不透。

魏泰的姐夫曾布是王安石变法最重要的助手之一，同时也是王安石弟妹的亲家，魏泰自然与王安石走得近，各种消息灵通，所以他笔记中的王安石还是真实客观的。

不过有一个人的礼物他必须得收，那就是宋神宗的。

1071年12月19日，王安石过五十一岁生日，赵顼派人送来了礼物，礼单如下：衣一对、丝织品一百匹、金花银器一百两、马二匹、金镀银鞍辔一副。当然还有肉类、米面等，酒是随船经镇江至扬州入真楚运河，最后通过汴河从临安运来后，临时加皇家封条供上……

在宋代，收取皇上的礼物必须行大礼，奉领叩头，拜谢老大的赏赐赠予，然后"与赐者同升厅，擂筝展读，就坐茶汤"。行完汤茶礼，算是对此事做个了结。

佛系归隐半山园

王安石第一次任相为期三年多。

第二次是1075年2月至第二年十月，这期间，儿子王雱的病世对他打击最大。

1076年12月4日，经神宗奏批，王安石拿到了江宁府上元县荒熟田的地契手续。他打算回江宁养老，开始筹划那边的宅子。

王安石虽然是江西人，但他从小随作官的父亲寓居江宁，以至后来在此两度守孝，三任知府，前后二十年都与江宁结下了难舍的情缘。这也是他将江宁视为第二故乡并借以落叶归根的主要原因。

他很快搬出了东府。这座富丽堂皇的大宋官邸终将不是自己每天工作的地方了，多少翻云覆雨的政令，多少觥筹交错的酬和，多少饕口馋舌的功名，都将如同逝水流年、过眼烟云……

王安石携一大家子借宿在定力院。

定力院是开封城内的一所四合院，有点像现在的离退休干部休养所，位于汴河大街以东，保康门附近，周边是街心市井，被栉次鳞比的酒楼、茶肆、客店、瓦舍、妓馆环绕。

四合院里有五代时期朱温画像，王安石住进去后，院墙上多了几句话："溪北溪南水暗通，隔溪开得夕阳东。当时诸葛成何事？只合终身作卧龙。"不甘不愿又奈何，徒添几缕惆怅，又陡增隐逸之心，罢了。

第二年，弟弟安国去世。王安石亲自为他写墓志，通篇不提"兄弟"二字，正是这一点，却被人攥住了把柄大做文章。比如清初文人王士禛愤愤不平，骂王安石这个当哥哥的有狠戾之性，区区四百字的墓志，没有一句"天性语"，他怀疑王安石人品残疾。

当然，王安石的是与非，世人自有公论，在此不必赘述。

此后几年，他一边养病、宴游，一边着手在江宁考察宅基地。

退居二线的王安石，喜欢结交清尚之士。1078年，返江宁中途经过高沙时，他顺道看望了孙侔。当日，孙留荆公，置饭酒款待，二人一起谈经学，一直到夜幕降临才依依不舍地话别。安石表示，老兄，往还一别，退居江湖，无由再见。孙侔说："如此，更不去奉谢矣。"

孙侔曾一度与王安石、曾巩等名士志趣相投，往来交好。王安石当宰相那几年，孙侔不亲反远，好像突然从空气里消失了。然而到了王安石晚年失意时，他却神一般出现，诗酒唱和，为其排忧解闷，真可谓君子之交。

同年，王安石过京口，与画僧宝觉禅师会宿于金山龙华院，一个是曾居庙堂之上的正国级干部，一个是穿草鞋拄拐杖的布衣行者，二人月下言欢，谈佛论道，追忆似水流年，叹赏水云美景。

第二年开春，五十九岁的王安石在江宁开始营建私人宅院。

司马光说过："宗戚贵臣之家，第宅园圃，服食器用，往往穷天下之珍怪，极一时之鲜明"，道出了北宋官宦之家"穷奢极侈、造作无端"的风气。

王安石虽一度显贵，却是出了名的节俭。在居住这个问题上，他不求"珍怪"，不图"鲜明"，更不想把自己搞成"土豪"，只想顺应天然，遂心适意即可。

为了找到他的"理想国"，王安石养成了"不耐坐，非卧即行"的习惯，每天必去一趟钟山。累了，或坐松石下，或窜访田野耕凿之家，或入寺与僧人交和。通常情况下，出门在外，他会背两只布袋，一只装书，另一只装饼子。外出野游干粮不够时，田间地头的农民会邀约他去吃农家饭。

有一次，王安石骑着毛驴再次去钟山，中途发现了一个叫白塘的地方，这里原极荒芜，视野开阔，能看见周边的谢安故址，以及孙权墓、宝公塔等景观，更重要的是，白塘距城东门7里，距钟山也是七里，在这里建宅子，方便给心灵放个假。

王安石决定在白塘开垦园地，并命名"半山园"。"半山园"营建的原则是，于极简中彰显人与自然的古典美学。

园子的中间是厅屋，一池新凿的清水绕屋而过，不远处有一座人造小山，山上种着三百多种植物，蒔棟、楸树时常出现在王安石的诗中。

王安石认为，"其宅仅蔽风雨，又不设垣墙"，因此，半山园不设围墙，看上去"若逆旅之舍"，以此打破与荒陂野水的边缘，力求人被广袤的自然包围。

园子建好后，王安石迫不及待地与人分享。先是给女婿蔡卞写了一封诗笺，题为《示元度营居半山园作》，诗中介绍了建园情况，"沟西雇丁壮，担土为培嵝"，看来那座小山是雇人一担一担用土堆起来的。"老来厌世语，深卧寒门窦。赎鱼与之游，喂鸟见如旧。独当邀之子，商略终宇宙。更待春日长，黄鹂弄清昼。"王安石在这首诗的结尾向蔡卞描述了他憧憬的悠然自乐的田园生活。

蔡卞，莆田人，少年时与兄蔡京游学京城，驰声一时，王安石见过后便喜欢上了这个才子，于是将小女儿许配给他，并将其收为门徒，即所谓"妻以女，因从之学"。蔡卞与王安石走得近，名义上是亲属、师徒关系，同时也是政治上的战友，学问上的知音。蔡写一笔好字，自成一家，王安石曾作《精义堂记》一文，让他抄写给皇上看，是岳父大人工作上最得力的加持者。

王安石晚年时期，蔡卞经常利用节假日，来江宁与其相会，同游钟山，憩法云寺，偶坐于僧房。即使是王安石病情最严重的时候，他第一时间想到的是给蔡卞写信，告诉对方，"风疾暴作，心虽明了，口不能言"。

1081 年，程师孟告老还乡，返回苏州时借道拜见王安石，并带来了青州鹿肉干。二人同游钟山，彼此唱酬，有诗相送；1082 年春天，六十二岁的王安石同陈和叔游钟山，一路上，豚鸡丰足，银鳞雀跃，蔬果鲜盈，箫鼓阵阵，呈现出"丰年处处人家好"的太平胜景；1083 年，一、二月期间，老朋友魏泰来访，王安石邀其同游钟山法云寺，闲话往昔。

1084 年，王安石骑着毛驴在江宁某个渡口带病先后会见了两位重要人物，一个是黄庭坚，另一个是苏东坡。这一年，一代词人李清照出生于齐州章丘。

黄庭坚由吉州转官赴德州，沿长江过江宁，与王安石相聚，并请其为他的画题跋，安石欣然提笔写道："江南黄鹤飞满野，徐熙画此何为者。百年幅纸无所直，公每玩之常在把。"写完，黄庭坚当场称赞"雅丽精绝，脱去流俗"，并经过短暂接触，认为荆公果然如传说那般，视富贵如浮云，不溺于财利酒色，一世之伟人也。这是二人唯一的一次见面，彼此钦羡。

当年七月，苏东坡自黄州迁居汝州，经过江宁，与王安石会面，这可是历史性的一刻，两个相爱相杀的人，一个"野服"，一个"不冠"，共同沐着中世纪的季风，促膝长谈，诵诗说佛，欢赏山水，累日不绝。作为行将就木的王安石，这时候已经放下了架子，对苏轼的赞赏也毫不掩饰："不知更几百年，方有如此人物"。二人均处在历史的漩涡中，能作出这样的评价，足以证明王安石也绝非等闲之辈。

八月十四日，苏轼离开江宁。不久，诗人朱彦来谒，王安石鼓励他以游侠之心学佛。

又是一年江南春

在人生最后的几年里，王安石做出了一个惊人的举动。他自觉时日不长，开始营办功德，先是给皇上写信，请求将自己的宅子充作寺院，将田地划给僧人打理。而自己搬到秦淮河畔的小宅子里。同时还为死去的儿子筹建了祠堂，并题写："斯文实有寄，天岂偶生才？一日凤鸟去，千年梁木摧。烟留衰草恨，风造暮林哀。岂谓登临处，飘然独往来？"可以想像，一个老眼浑浊的父亲，是如何泣血写下这些字字句句啊。

1085年春，在家人的陪同下，王安石扶病泛舟秦淮："强扶衰病衰淮舸，尚怯春风泝午潮。花与新吾如有意，山於何处不相招。"初春的河面乍暖还寒，一个病弱的黑老头迎着春风，逆流而上。在病痛中经历了漫长的冬天后，他走出小宅，在日光下仿佛重获新生——是岸边的花儿给予了他力量和情意，不远处，是他至亲至爱的钟山，似乎向他和他的毛驴招手。

1086年，宋哲宗继任。太皇太后垂帘听政后，政局大变，天下大旱，民情惶惶。

王安石已经自顾不暇了，就连下地走动也越来越困难了，他躺在病床上一遍又一遍地诵读《维摩经》。

三月下旬，王安石的病情突然加重，神情一度昏蒙，有一次他恍惚看见死去的儿子走到他跟前，"荷枷杻如重囚"，梦醒之后，王安石痛哭了起来，真可谓"空花根蒂难寻摘，梦境烟尘费扫除"。

突然有一天，想必是回光返照，他起床径直走到宅园，园中的杏花开得正艳，他折上数枝放在床头，写下一首绝笔诗："老年少欢豫，况复病在床。汲水置新花，取慰此流米。流米只须臾，我亦岂久长。新花与故吾，已矣两可忘。"

1086年农历四月初六，王安石去世，享年六十六岁。死后葬在钟山东三里，与弟安国、子雱诸人遥遥相望。

然而北宋的君臣们，没有想到中国气候加剧转寒，一个苦寒时期正悄然到来。在王安石死后的一百九十多年里，杭州落雪，太湖封冻，洞庭山上的柑橘全部冻死……这似乎预示大宋帝国正加速走向覆灭。

北宋顶流欧阳修

他4岁时，父亲去世，随母亲投奔湖北随州的叔父欧阳晔。

他小时候读了不少书，但叔父家也不是什么大富人家，藏书有限，于是他穿过大半个城，向李氏东园的好伙伴李尧辅借，读完不过瘾，便抄录，往往一本书抄下来，也就会背诵了。

他自知颜值不济，对不起大众，只好"昼夜忘寝食，唯读书是务"，通过内涵武装实现其"为所欲为"的人生目标。

果然，此人后来运势如虹，飞黄腾达，或出入歌楼舞榭，狎妓冶游，或诗酒当歌，遗老唱和，或访碑寻古，摩玩历史盲盒，或操琴着棋，披沐魏晋之风，或埋头著书，大展经纶，或立足于沧海横流，玉石同碎……

他曾站在人生的巅峰，也曾被摔落谷底，他，就是北宋文坛顶流人物欧阳修。

从洛阳走来的花下客

十七岁那年秋天，饱读诗书的欧阳修第一次参加随州乡试，小试牛刀，便写出了人人传诵的名句，可惜文章没有按规定的韵脚押韵，最终还是落榜了。

三年后，一个花季妖娆时节，欧阳修卷土重来，顺利考取了举人。随后又来到首府开封参加进士考试，不料名落孙山，铩羽而归了。

欧阳修的心情低落到了冰点，他骑着马漫无目的地游走着，脑子里还响着考场上学子们奋笔疾书的沙沙声。

经历两次失败后，欧阳修意识到不是自己水平不行，而是时运不济，于是决定改变策略，开始大量结交名流。这招果然奏效，1029年，他被高人推荐进国子监学府镀金，随后参加了礼部组织的中央考试，结果在殿试抢得甲科第十四名。

考取进士后的欧阳修在西京府成为留守推官。自此，开启了他鲜衣怒马却又跌宕起伏的一生。

那一年，他二十五岁，正所谓"赢得桃李花开日，正是春风得意时"。

欧阳修在洛阳三年，一有时间，就结交当地文士。

1031年农历三月三日，欧阳修下班后在伊水边散步，走着走着，看见桥头有一个穿着官服的人，对着残花流水若有所思，"一定是个诗人"，欧阳修脑子里念头一闪，毫无忌惮走上前去搭讪，这一搭，便搭出了两颗伟大灵魂的千古奇缘。

原来对着花儿苦吟的人竟然是大名鼎鼎的梅尧臣。"玉山高岑岑，映我觉形陋"，欧阳修被梅尧臣非凡的气度所吸引，觉得自己跟这位帅哥站在一起，简直就是个丑八怪。二人相见甚欢，当即决定"相携步香山"。

当时的西京府里魁杰贤豪一大堆，平时上班大伙见面装模作样打个照面急急闪过，可一旦下了班，"饮酒歌呼，上下角逐，争相先后以为笑乐"，可着劲儿放纵自我。

欧阳修的顶头上司是钱惟演，这位五代吴越国王钱俶之子，举止文雅、乐善好施、宽厚以仁，但在工作上不怎么上心，对部下管理也十分松散，不必报备，不必打卡，没有一点王子的架势。不仅如此，他还经常带领欧阳修等人低碳出行，设宴招待文人雅士，毕竟，他自己也是个诗人，一个连上厕所也要读小词的读书人。

在他的幕府，经常能看到梅圣俞、尹师鲁、谢绛、张汝士这些文学青年的身影，他们在老钱的鼓动下，或穿越于竹林茂树，赏奇花怪石，或游离于清池上下，流连于荒墟草木……欧阳修作为初出茅庐的晚辈，经常混迹于这些人堆里"赋诗饮酒以为乐"。

时间久了，欧阳修的存在感越来越高了。有时候他自作主张，带领大家搞户外拓展，游龙门，听樵歌，赏梵乐，采香薇，煮野羹。有时候撑船渡伊水，与白鸥共翻飞，或穿上草鞋，步履轻盈地跑到白居易墓前搞凭吊仪式，与乱石、浮云、明月、松林和谐共融……

一年夏天，酷热难耐，欧阳修约上三五君子，跑到普明院游玩。

林泉汩汩，山花颤颤，琴声幽幽，水鸟咕咕。闲来没事，几人"就简刻筠粉"，从竹节上刮下来的白粉，具有美白、保湿、修复功效，士人们可以打包回家带给各自的妻子。几人"浮瓯烹露芽"，他们用越州最好的瓯器，烹煮建州最好的贡茶，茶禅一味，香甘重滑。几人"折花弄流，衔觞对弈"，边喝酒，边吟诗，曲觞流水，一圈下来，有个叫张太素的人，因喝的少，诗率先完成，其他人"欣然继之"。

待到日斜酒欢时，氛围被烘托到了极致，大伙纷纷提笔，在寺院的墙上涂下"到此一游"后，骑上大马，绝尘而去……

在洛阳工作期间，是欧阳修一生中最美好的一段时光，"曾是洛阳花下客"，此后每每遭遇不顺，他便感念过往，是啊，有什么可以伤悲的呢？

1034年3月，二十八岁的欧阳修接到调令，到试学士院担任馆阁校勘。

离回京走马上任还有一段时间，欧阳修打算利用间隙去朱家曲转转。他很早就听说有个姓牛的富商，"宅在朱家曲，为薪炭市评，别第在繁台寺西"，朱家曲是富人的天堂已在京城传为共识，欧阳修出于好奇，想去看个究竟。

这天，他骑马从洛阳出城，自许县北门急驰而上，眼前迎来一片丹丘地貌，赤坂冈到了。欧阳修临冈勒马，怅然怀古。脚下是无限风流与浪漫的洧水，浩浩荡荡，奔流不息……

分道西行，入小路三十里后，终于来到了繁华又宁静的朱家曲，"桑柘田畴美，渔商市井通"，古河围绕着古镇，依依村市，簇簇人家，这里聚集了大量从京城迁移来的商贾之贩，真可谓"商旅攘熙，舟车辐辏"。

欧阳修在此留宿一晚，体验一下"把自己放空"的生活。

从朱家曲出来，欧阳修来到京城，直接到皇家人事部报道。

他干的是古籍编目工作，这是一个相对闲散的岗位，欧阳修有大把时间可以用来诗酒唱酬。

一日，仆人告诉欧阳修，门外有一个僧人嚷嚷着要见他。欧阳修本来不想见的，但听说此人手里拿着一封美男子苏舜钦写的推荐信，这让欧阳先生大为吃惊。

哪个苏舜钦？是刚刚把御史中丞杜衍之女娶回家的那个新晋进士？还是那个才华盖世"一时豪俊多从之游"的大诗人苏子美？都是，都是！

想到这里，欧阳修也不敢怠慢，立刻停下手中的笔，迎将出来。

来人报过姓名后，欧阳修大喜过望，原来眼前的这位高僧竟然是从浙江远道而来的释文莹，二人互赠诗作后，彼此吹嘘一番。欧阳夸其"孤闲竺乾格，平淡少陵才"，言外之意：文莹老兄，你就是当代的少陵野老，佛法自显，随缘自在，孤云独去闲，以后常联系啊。

巧了，见过释文莹不久，欧阳修便与苏舜钦会面了。

苏舜钦当时任蒙山县长，此行是去长安奔父丧，中途经过开封，与韩绛一同来拜见欧阳修。

见到欧阳修，苏舜钦就诉苦，说父亲去世后，他"胸怀积疮刺"，心情很不好，想借机找欧阳兄喝酒解闷儿。

酒过三巡，苏舜钦拿出随身带的小本本，将第一次见欧阳的情景描摹了下来："永叔闻我来，解榻颜色喜。殷勤排清樽，甘酸钉果饵。图书堆满床，指论极根柢。"

苏韩二人的突然造访，令欧阳修措手不及，当时他正躺在床上看书，一看有客人来，立马翻身下床，忙不迭地摆出珍藏多年的清酒，端出干果盘来招待……

第一次放逐流离又归来

人生哪能多如意？1036年5月21日，欧阳修迎来了专属于他的第一次贬职削官。

他被贬为夷陵县令。一想到自己也即将变成欧阳县长，欧阳修不由悲从中来，心中的小骄傲荡然无存。

不过生活还得继续。尤其在那个说贬就贬的时代，但凡真正的仁人志士，谁人不被流放过？屈原、韩愈、刘禹锡、王昌龄、刘长卿这些远的不说，仅眼前的范仲淹先生就被贬了三次，这第三次，被吕夷简、高若讷们扣上了莫须有的罪名，欧阳修路见不平，撰文反击，也以莫须有的罪名被逐出朝廷……

想归想，做归做，事已至此，没什么后悔药可吃，那就卷上铺盖上路吧。

当月二十三日，欧阳修做完临行前的最后准备后，与薛仲孺、蔡襄、胡宿、范镇等朋友夜饮王拱辰家。

第二天，顾不得欣赏京都州桥明月，也没心情品鉴歌楼笙舞，欧阳修匆匆登舟远行。

春夏之交的豫东大平原，受季风影响，天气变化多端，欧阳修立在船头，凝望着前方。

二十五日，出汴京东水门，泊舟待发，这里河面较狭窄，水流湍急，桥梁又低，船行至河心失去控制，险些翻船。

不久到达许昌，"焚鱼酌白醴"，吃鱼喝白酒，这里的酒香，鱼更香！欧阳修一路写诗，晒朋友圈，不忘为当地特产代言。

进入安徽地盘后，一主管交通与邮驿的郑领导亲自出面招待，领客人到习射场打卡，晚上又请来歌女助兴，这让擅长冶游狎妓的欧阳公写出，"镂管思催吟韵剧，妓帘阴薄舞衣翩"，听着靡靡之音，他全身的芝兰玉树被香袖儿轻举起来……"当筵独愧探牛炙"，作为京城吃货，来到基层竟然见色忘食，太没出息了吧，欧阳觉得实在对不起眼前这些美味了。

只是，出门在外，温柔乡哪能处处在服务区呢？路还得继续赶。

七月中旬，欧阳修到达长江北岸，来到江河交汇、漕运枢纽的真州，停留了十多天，品尝了当地的莼菜鲈鱼。

该死的莼菜鲈鱼，让人乡愁泛滥，他想起西晋张翰说过的一句话来："人生贵得适意尔，何能羁宦数千里以要名爵！"不同的是，张翰离开江南家乡到北地做官，而欧阳却恰恰相反。

从真州出来，欧阳修乘船溯长江西上，就这样，时断时续走了四个多月，一路上赏风光、品美食、交朋友，不亦乐乎，九月四日，终于到达夷陵县。

在夷陵工作期间，二十九岁的欧阳修尽职尽责，不负皇恩。

夷陵，"春秋楚国西偏境，陆羽《茶经》第一州"，这里"巴賨船贾集，蛮市酒旗招"，虽说是小地方，但也有独到的蛮野之味，"日食有稻与鱼，又有橘、柚、茶、笋四时之味，加之江山美秀，民俗醇厚，可以使人乐而忘忧"，欧阳修在与薛少卿的通信中，毫不掩饰地说出了"乐而忘忧"的本质，说这里的米好、鱼肥、梨甜、茶香、笋脆，就是因为"夷陵江水极善"，正所谓"上善若水"，水善利万物。

欧阳修擅长于山水中理出"天人感应"的内在机制，他坦言，"凡物有相感者，出于自然，非人智虑所及，皆因其旧俗而习知之"。

他表示，金橘最早产于江西，后来与竹子移植到京城，结果竹子味酸，人们不喜欢，就慢慢淘汰出局了，而金橘却因香清味美，经常被人们摆上桌席，以致"其后因温成皇后尤好食之由是价重京师"。所谓因地适宜，或不宜，都从某种程度上遵循了自然天道。

然而你不得不承认，人性是微妙而复杂的。作为谪官，一方面，欧阳修于悠悠笙歌中极力维护着他社交层面的尊严；另一方面，当背过隔岸的烟花之后，他像剥笋一样，一层一层地将自己的怯弱剥掉，并展示给挚友看。

夷陵期间，欧阳修给梅尧臣写信，话风寥寥，字字寂寥，说他哪像个县长啊，简直就是个山野村夫。"官闲憔悴一病叟，县古潇洒如山家"，他向老梅诉苦，说像挖笋、采茶这样的活他都得必躬必亲，有时候很忙，什么也不用想，清闲难耐时，到酒楼打上一壶新酒，一个人躲进深山老林里悄悄地喝。被贬的日子不好过啊。唉，也罢，欧阳先生是把梅尧臣当自家哥哥说话，借着酒兴，一吐为快。

还好，欧阳修在夷陵县只待了一年多。1038 年 3 月，欧阳修迁任乾德县，即今天湖北襄阳老河口市。

习惯了洛水滋润的繁华，来到乾德，欧阳修感叹这地方真僻陋，比夷陵差多了，他在给王沫的信里抱怨道：僻而陋也就罢了，连个学问人都找不到，即便有，也三观不合谈不到一起。

1040 年春，终于结束了颠沛流离的贬谪生活，欧阳修启程回京，继续担任旧职，启动《新唐书》和《新五代史》的编纂工作。

来迎去送便江湖，逍遥自在度人生。

转一圈又回到京城，欧阳修的江湖人生满血复活，也许是出于对流寓生活的反思，使得他在交游方面有了新姿态。他经常走访一些佛道寺庙，接受佛经诵读与山水樵渔的遥相感应，同时也结交了许多禅僧高士，宋代佛门三杰之一惠勤便在其中，欧阳修经常给他讲述流贬见闻，分享山河美味。

惠勤是余杭人，来京师有二十余年，出家人四海为家，作为"京漂"一族，居无定所是常态。

1043 年的一天，惠勤又一次收起行囊回江南。欧阳修、梅尧臣等人在酒馆为他饯行。酒酣之际，胸胆开张，每人提笔写了一首送惠勤的诗。

欧阳修在诗中描述了惠勤在京城的生活，"辛勤营一室，有类燕巢梁"，他说看看你的家乡，得鱼盐漕运之利，已经成为远近闻名的繁埠之地，宫室、饮食和山水等方面非常出色，尤其美食，既精致又奢靡。

欧阳修不由询问惠勤："三者孰苦乐，子奚勤四方。"您有那么舒适的江南水乡，何必还要奔走四方，京城虽有功名利禄可追，但像房梁上的燕子一样挤在窄憋的破屋里，就算天天吃羊肉，对于喜欢细腻饮食的南方人来说，难道不是一种遭罪吗？

"人情重怀土，飞鸟思故乡。"所以，这次回去了，就别再来了。

事实上，1111 年初，京城一纸奉旨将惠勤又从江南招回了开封智海寺，成为皇家僧团中的一员，随后又奉旨居南京钟山讲经，晚年退隐于江南孤山下。

离散之人循着山水来

1044 年 9 月 14 日，三十八岁的欧阳修参与"庆历新政"，因撰写《朋党论》卷入纷争，得罪了权贵，被贬出京，赴任河北真定府"省长"一职。

恰时保州云翼军的兵卒叛乱，宋辽边界动荡不安。但在欧阳修的斡旋下，叛乱很快得以平息。

只可惜由此产生的蝴蝶效应错综复杂，欧阳修使出浑身解数，也无力施展他远大的政治抱负。

所以，对于他来说，选择"躺平"不失为一种有效的排解。在即将离开河北的那些日子里，他几乎每天过着"天长日暖"的日子。心情不好，就发发牢骚，喝喝小酒，天天喝天天喝多，把自己喝成了"酒筛子"。四十岁不到的人，"怕见新花羞白发"，病恹恹的，像个糟老头子，满脸霜色。

"北园数亩官墙下，嗟我官居如传舍。"欧阳修住的地方，与北园只隔着一道官墙，快与慢可自由切换。北园即潭园，由贪图享乐的五代赵国王镕所建。园中池台众多，花草丛生，李子、葡萄、红榴等鲜果交相辉映，竞相成熟。

"隔墙时时闻好鸟，如得嘉客听清话"，时时与鸟为伴，如守着清雅不俗的高士，散心解乏。北园的旁边是一汪潭水，那里鱼跃水跳，秋蟹正肥，只可惜，"恨不一醉与君别"，欧阳修又一次想到了梅尧臣，想到同在河北担任兵部职方的王几道。

所谓职方，即负责宋辽边界的刺探活动，就是这样一位情报工作者，在欧阳修的鼓动下，耐不住幽暗寂寞，三天两头绕过北园"解带相就饮"。

"人生有酒复何求，官事无了须偷暇。"办不完的官事，批不尽的公文，与其毫无意义地瞎忙活，还不如抛开官场俗务，消遣边地风月，人生不就这样么，还有什么要追求的呢？

王几道性格孤高，志在青云，他与欧阳先生意趣相投，交往紧密。

过去在洛阳时，二人常与谢绛、尹师鲁、杨子聪等人相约登嵩山，纸扇笑天下，清茶谈古今。无奈当年这些意气风发的"洛中骄子"，终究是因时运迁革，各奔西东……

历史的一粒尘埃落在一个人头上，那就是一座山。压在欧阳修胸口的这座山，是"有才不能售"的山，是"郁郁不得志"的山。当然，作为平凡的个体，这山于欧阳修而言，是"生老病死"的山，是"爱别离苦"的山。

处在那样一个尘土飞扬的时代，祸不单行、福无双至已然成为常态。

有一次，秋令时节，欧阳修披上衣服，趁着月色从水谷出发去巡视一个工程。进入山峡，格外幽静，只听得疾驰的马蹄刷在霜露上，发出稀碎而又纷杂的声音，一轮狡黠的月影挂在崖壁上，荒林里时不时传出寒鸡咕咕的叫声。

走着走着，欧阳修脑子里产生了幻觉，眼前不由浮现出在京城与苏舜钦、梅尧臣持蟹对饮的情景。兴许是受到了寒鸡的惊扰，在经过一道土坎时，马儿突然一跃而起，缰绳脱落，马背上的主人狠狠地摔了下来，伤到了腿脚……

紧接着，八岁长女欧阳师不幸夭折，痛失"小棉袄"，面对突如其来的"终生之悲"，这位落魄的厅级市长几度挥泪提笔，写下了耗尽一生的泪血之诗，"吾年未四十，三断哭子肠。一割痛莫忍，屡痛谁能当。割肠痛连心，心碎骨亦伤"。

面对接连发生的不幸，欧阳修作了深刻检讨，认为自己"贪得不自量"，爱揽闲事，导致招仇取祸。"安得携子去，耕桑老蓬荜"，世道凶险啊，与其疲于奔命，还不如"解甲归田"呢。他开始动起了归隐之心。

第二年，悲催的事再次袭来，欧阳修被人栽赃，卷入了性丑闻事件（张甥案），皇上发怒，将其贬往滁州担任郡守。

当年冬天，滁州大雪。一尺厚的雪，彻底将欧阳修与这个纷繁的世界隔开，离群索居，得静中之乐。

滁州地处偏僻，官场清净，没有那些杂七杂八的事，吃吃喝喝，颇为优渥。平日官舍静如僧房，读书读累了，出门或饮酒或射箭，不亦乐乎。

欧阳修写信告诉梅尧臣，滁州的酒要好于淮南，清如水晶、香如幽兰，而且志同道合的人很多，比如赵良规、谢缜、杜彬等，也有道士李景仙、诗僧惟晤等清修之人，个个豪兴儒雅，善解风情。

人生聚散长，何不逍遥游。1046年夏秋之初，在与众友一同野游中，欧阳修在幽谷里发现了一泓甘泉，该泉被一面高峰、三面竹岭环抱，泉上有佳木一二十株，上有好鸟啁啾，不远处几户山野人家温婉恬静，真乃天生好景。

欧阳修当即摆出茶器，汲泉品茗，发现泉水泡的茶味甘醇无比，于是当即派人改造：引泉水为石池，池上再建小亭，名曰：醉翁亭。醉翁亭旁又建醒心亭，嘱托曾巩作记。水池周围再点缀上梅花、芍药等花草，宛若仙境。

此后，欧阳修将醉翁亭作为雅集的据点，文人骚客络绎不绝。

每次聚会，通判杜彬以琵琶助兴。杜彬擅琵琶，能以皮作弦弹之，被欧阳修视为奇人能士。

凡是来醉翁亭，没有一个人清醒着回去，幽谷里没有骚客，只有醉客。

最绝妙的是，欧阳先生每每醉归，总会喊来妖娆歌妓扶他前行，勾肩搭背，边走边乐，风流本性，一展无余也。这时候，杜彬往往会站在亭下，操起琴，弹一首动感激烈的大曲，随着该曲节奏愈加繁促，欧阳也携妓急速起舞，天作幕，地作席，琅琊幽谷作舞池。

道士李景仙也是个琴师。如果说杜的琵琶能为酒场助兴，那么李先生的古琴则适合静心品味，公务暇隙，择一荒凉地，于杂树碎石之间，让李师傅猛地来一曲凤凰声，顷刻"空山百鸟停呕哑"。也就是说，李师傅的琴音完全可以以假乱真，连山林里的鸟儿也分辨不出来。

就在如此氛围的烘托下，欧阳修写下了千古名篇《醉翁亭记》。很快，他在滁州深山老林里搞派对的事传遍京城，并很快上了热搜，成为年度文化大事件。京都的士大夫们热议不断，纷纷赞叹欧阳真会玩。

著名琴家、太常博士沈遵听后心里痒痒，于是不远万里跑到滁州来看个究竟，欧阳热情招待，带他欣赏了滁州山水，并由李彬、李景仙助阵，演绎了《醉翁亭记》精彩片段。

沈先生受到启发，"归而以琴写之，作《醉翁吟》一调"。《醉翁吟》传到京城后，再次受到广泛好评。欧阳修听后非常激动，又提笔写下《赠沈遵》，以此来表达对沈遵的谢意。

这场由"醉翁亭"引发的事件，在以后若干年不断发酵，影响后世，波及千年。

现在想想，杜彬、李景仙、沈遵，三位大宋著名的音乐家，到底谁高谁低？历史凄冷滞延，京华烟云遮望眼，恐怕已经难以评判了吧。

生死面前只想打马归田

1048 至 1050 年间，作为大宋帝国的一颗螺丝钉，欧阳修频繁换岗，从扬州到颖州，又回京担任礼部郎中、龙图阁直学士，继而赴任应天府，兼南京留守司事，最后又回京转吏部郎中，加轻车都尉等职。这拨走马灯式的操作，着实让人看不懂。

这期间，欧阳修面临的最大问题是，他患上了眼病，视力昏暗，身体遭受折磨，开始走下坡路，搞得他焦虑不安。

病根应该是在扬州期间落下的。某年冬天，欧阳修在给王文恪（即和王安石一起烘虿的王乐道）的信中称自己公务繁忙，咽干，眼涩，体虚，跑到琼花观卜卦，卦象显示"水火未济"。于是在高人指点下，他做起了"内视之术"，结果不到一个月，"双眼注痛如割"。读书非常困难，连看个人影儿都费劲，"春深苦夜短，灯冷焰不长，尘蠹文字细，病眸涩无光"，描述的就是患病夜间读书的情景。

四十刚刚出头的欧阳修，面对生死，内心难免恐慌，不能坦然应对。

关于眼病的形成，还有其他推测，说欧阳修爱躺在床上看书，结果造成了近视眼。也有人认为，其时欧阳修已经患上了糖尿病，行"内视之术"走火入魔，导致糖尿病性视网膜病变。至于他辩称因工作累垮了身子或许只是借口。真正的祸因，是他在扬州兴建平山堂，携客往游，红袖传酒，狂吃狂喝，戴月而归……无节制的生活作风伤到了身子。

四十三岁那年，欧阳修以眼病为由，申请朝廷调任颍州。

颍水款款，滋润了他细腻的心田。欧阳大人彻底爱上了这片耕食天堂，来了就别走，他决意要死在这里。

"行当买田清颍上，与子相伴把锄犁。"他写信给比他大 6 岁的梅尧臣，说梅老哥，来吧，到颍州来，买块肥水田养老吧。欧阳修在信中说自己患病有三年了，眼睛辨不清黄马黑马，心情不好，吃啥啥不香，什么功利、美女，对他来说已经没有了意义，不如早点躺平，好好规划一下退休生活："壮心销尽忆闲处，生计易足才蔬畦。优游琴酒逐渔钓，上下林壑相攀跻。"弹弹琴，喝喝酒，种种菜，钓钓鱼，爬爬山，多好啊。

1051 年前后，米芾、陈师道两位名士相继出生，范仲淹、李元昊两位史诗级人物去世。

欧阳修的母亲、胞妹也在这期间离开了这个世界。天地轮回，生死相续。凡胎肉体，皆有因果，谁也逃不过四菜一汤被吃席的命运。

烦恼，焦虑，茫然，居丧孤苦，无以度日。回想年轻时的怒马鲜衣，欧阳修有点鄙视自己的过往了。他慢慢明白，人生在世，要拿得起，放得下，尤其面对时势巨变，做一个脱离物质趣味的人，并非朝夕之功。

欧阳修受韩愈影响，曾一度非常排斥宗教，公然表态，"千年佛老贼中国，祸福依凭群党恶"，这在当时儒释道三教合流的思想界引起极大震动。他现在开始重新认识佛道二法，时时吃斋饭，纯净心灵，并主动和僧人、道士接触，谋图成仙之术，并给自己起了个"六一居士"的晚号。

可惜为时已晚，他"根本已坏"，体力不支，"每每因食素生疾"，尤其入秋后，"忽患腰脚"，医生诊断"脾元冷气下攻"，建议他多吃肉。

1053 年 5 月，欧阳修丧服期满，复旧官，赴京师。

回到京城，每次与老友相聚，少不了酒肉助兴。

一次上早班，韩绛给他传来一个纸条，问欧阳，早班结束了要不要约起来？对方回信说，"退朝小饮官舍"，意思是，兄弟，下班后在官舍见。"与世渐疏嗟已老，得朋为乐偶偷闲"，二人已经对这种例行的上朝早就厌倦，还不如回屋子里聊聊天，打发时光。

结果喝着喝着就醉了过去，醉梦中，欧阳修看见刘从广太尉大包小包带着襄阳的丝绸、药物、竹笋以及各种花花绿绿的水果走来，尤为诱人的是，那一大盘透明清亮的鳊鱼，"黄橙捣齑香复辛"，这种鱼浇上黄橙酱，味道肥美辛香。

"谁能持我诗以往，为我先贺襄阳人。"欧阳修感叹，真羡慕刘太尉啊，希望有朝一日也能像他一样，成为一个幸福的襄州人，顿顿吃鳊鱼，天天吃鳊鱼。

1056年4月，宋仁宗命令引水入六塔河回归横陇故道，这事欧阳修本来是持反对意见的，可皇帝铁了心要干，而且是冲着百年工程去的，结果悲剧发生了，六塔河根本无法容纳黄河的水量，当天就决口了，淹死了许多人，史书上记载"溺兵夫、漂刍藁不可胜计"，就连京师官员大佬的私家庐舍也未能幸免，欧阳一家老小也仓皇逃命，临时搬到了唐书局避难，可唐书局毕竟是国家修书累纸的神圣场所，岂容私用，于是他们又被皇城司指挥使驱赶了出来，真可谓囧态百出，狼狈不堪。

还好，到了秋天，水患退后，欧阳修又可以到处走动。

有一次，他受邀赴宴，品车螯。别看在座的不是官高位显的公侯人物，就是名声显赫的文坛大佬，可他们也从未见过这种海鲜，端上来不顾尊严一通乱抢，"共食惟恐后，争先屡成哗"。那次，五十岁的欧阳修人生第一次吃到了车螯。吃完便写了一首《初食车螯》，谈了谈心得，觉得天下没有一顿车螯解决不了的事情。

第二年开春，欧阳修在皇室藏书馆天章阁看到了二色桃花，"施朱施粉色俱好，倾国倾城艳不同。疑是蕊宫双姊妹，一时俱肯嫁春风"，他想起邵尧夫的桃花诗来，心想，这位著名的哲学家，为什么在梅花上萌生了占卜术，而不是选择桃花呢？

纵使邵先生能推演到邻家妹妹折梅坠地伤到腿，却预测不了这盛世如您所愿雄才出世。

1057 年，欧阳修担任礼部贡举的主考官，录取了苏轼、苏辙、曾巩等人，一个伟大的北宋"天团"时代宣告来临。

看似气象充盈，喜兆连连，然而欧阳修病痛的隐患却并未解除。

1058 年 3 月，欧阳修收到蔡襄自福建寄赠来的新茶，写诗与梅尧臣分享，状态欣喜。然而随后与韩绛等人在学士院开会时，突然晕倒，此后便屡屡发作，经诊断患上了风眩症，类似于现在的高血压、高血脂症之类的疾病。

随后又得喘疾，憋气、呼吸困难，严重时不得不停下手中的工作，伏枕喘息。而且伴随着听力下降，左臂疼痛，强举无力，右手指节拘挛。入秋，口齿腐烂，两腮浮肿，医生也没办法。他吃不下饭，连说话的力气都没有，人也日渐消瘦。

欧阳修一度因病告假，赴开封城南安养。并多次向皇上请辞，希望早日打马归田。

眷恋一生的回家之路

1060 年 2 月 15 日，苏轼、苏辙为母亲守孝期满，与父亲一起进京，在西冈租了一栋宅子居住，等待皇帝的任命。随后又搬到了僻静的汴河南岸。生活虽然过得清苦，但也是苏氏父子一生中难得的共处时光。

这期间，苏轼拜见了欧阳修，并为恩师带去了家乡的土特产，包括一件弓袋。

这弓袋可不是一般的礼物，是苏轼回老家途经泸州江安县长宁镇时，从一个夷人的手中买来的文创产品，材质采用粗厚的蛮布制成，颇有意趣的是，上面还绣了梅尧臣的《春雪》一诗。

此诗在梅先生作品中，算不上出奇。谁料传至夷区，却受如此高规格的待遇，颇令人惊讶。

欧阳修收到苏轼的弓袋后欣喜若狂，视其为极品"宝玩"，大赞苏轼有眼光，懂我者，子瞻也，并表示一定要将这件宝贝呈给梅先生看。

然而，没等到那一天，当年，梅尧臣就去世了，作为一生中最重要的挚友，欧阳修悲痛欲绝，写下了《哭圣俞》，回忆了二人在伊水河畔相识的情景，以及交际三十年间的点点滴滴，痛惜之情溢于言表。

"翩然素旐归一舟，送子有泪流如沟。"梅是宣州人，死后由汴京经水路送归祖茔，那天欧阳修与众友一起来到汴河码头送别，听着家属们的哭声，无比哀伤断肠。

黄泉路上无老少，奈何桥上莫回头。老梅，我们再会。

1065 年，五十九岁的欧阳修任参知政事，但他因病痛已无心贪恋官场，于是提笔向皇上启奏心事：老臣自丧女以来，已经很难从悲苦中走出来了，人老体衰，加上长期遭受眼病折磨，气晕昏涩，视物艰难啊，能不能申请提前退休。

皇上并未接他的茬，在赐给欧阳修的手诏中，只表达了一些慰问之意，说什么"春寒安否""久不相见，安否？"之类的，言他而顾左右，对于退休一事却只字不提。

1067 年，监察御史蒋之奇、御史中丞彭思永弹劾欧阳修与儿媳妇有私情，这事闹得沸沸扬扬。刚刚继位的宋神宗非常气愤，要求彻查清楚。后来查明是被人诬陷。

欧阳修面对官宦之争厌恶至极，决定离开朝堂这个是非之地，到亳州担任知州。

四月，他从京城启程，一个月后，到达曾经执政过的颍州汝阴，看到这里熟悉的田园风光，有感而发，写下了《再到汝阴三绝》："黄栗留鸣桑葚美，紫樱桃熟麦风凉。朱轮昔愧无遗爱，白首重来似故乡""水味甘于大明井，鱼肥恰似新开湖。十四五年劳梦寐，此时才得少踟蹰。"

回想过去，自己只是个匆匆过客，时隔多年再次踏回故地，当年的踌躇满志已荡然无存，心境回转，千千情结，欧阳修想起与梅尧臣在颍买地的盟约，没想老大哥已离开世界有六个年头了，不由悲从中来。

在颍州逗留期间，欧阳修开始扩建房宅，"谋决归休之计"：理由是"地势喧静得中，仍不至狭隘"，老房子所处的地理位置闹中取静，按理说已经很好了，"但易故而新，稍增广之，可以自足矣"，考虑到年久失修，有坍塌风险，不如借此修整一番。

一切安排妥当，五月二十五日，欧阳修离颍赴任。六月二日，正式上任亳州。

这时的他，年事已高且身体多病，处理公务有点力不从心，上班只是"打酱油"而已。然而人在亳州，却对颍州投去了无限的挚爱与眷恋。

"今而老且病，何用苦惆怅。"每每伏案，欧阳修黯然伤神，常想起在颍州焦陂率数万民众治理黄河、引泉灌田的日子，想起乘船溯河而上，来到焦陂与隐士常秩谈天说地、饮酒赋诗的恬淡时光。

六月下旬，暑伏已深，在给吴正肃的信中，欧阳修仍不忘为颍州的发展点赞，说"风气之变，物产益佳，巨蟹鲜虾，肥鱼香稻，不异江湖之富"，虽然亳州是名城，"而归思不可遏也，固不待巢成而敛翼矣"。

不久，欧阳发来亳州看望父亲，返颍时，欧阳修又让儿子为常秩捎去一封手书：

"齿牙零落鬓毛疏，颍水多年已结庐。解绶便为闻处士，新花莫笑病尚书。青衫仕至千钟禄，白首归来双鹿车。况有东邻隐君子，轻蓑短笠伴春锄。"

又一次表达了他甘愿离开官场，隐退归田，与常秩为邻的决心。看来他已打定主意要在颍州养老，谁也阻拦不了。

1071 年，六十五岁的欧阳修退居颍州，他像一只飞倦了的鸟，终于登栖敛翼，回家了。

两耳不闻窗外事，国事、天下事，不如自己的家里事。

这时候的欧阳修已经放下了他手中的如椽大笔，不再是狎妓风流的青楼浪子，也不是享乐山水的幽谷醉翁，更不是那个舌战朝堂的翰林学士，而是回归父亲的本职，以涓涓水墨、拳拳父爱、殷殷真情，小心翼翼地呵护着每一位亲人。抑或像一介山野村夫，比邻而居，择交而友，樵耕之余，宴饮游乐，笑对余生。

一日，大风微雨，天气突然变寒，欧阳修想起了远在蔡州的儿子欧阳发，于是写信问暖，并加急给送去了棉衣，"忧汝骤寒，都无棉衣。吾与娘忧心不能安，今立走急足送棉衣去"。

又一日，苏氏兄弟至颍州来访，欧阳修拄着拐杖招待二位爱徒，并一同游宴颍州西湖。据苏轼描述，欧阳老爷子那天看上去精神状态不错，"须似雪""光浮颊"，眉宇秀发如春峦，羽衣道服，仙气十足，弹琴抚筝，大口喝酒，说起话来声音异常洪亮，自言"百岁如风狂"，一副不服老的样子。

又一日，退处山林的太子少师赵概来访，八十岁高龄的老先生自南京应天府撑船而来，欧阳修面对这位官场主动让贤的恩人，欣喜不止，速速召集家人杀鸡宰鱼，设宴款待。

就这样，两位高闲之人，在颍州画船载酒，吟诗作对，耳鬓厮磨近一个月，才恋恋不舍地分别。此后，再也没有见过。

1072 年，欧阳修牙病越来越严重，医生拔掉了坏掉的牙，并嘱咐不得饮酒，望着刚刚写给朝琦的句子："一生勤苦书千卷，万事消磨酒十分"，情绪瞬间索然无味。

时间是个大杀器。不久，欧阳修自知时日无多，临时起意，决定到清河水系上看看。

深秋的河渠陂塘格外清爽，雨水打在脸上，冰冷而苦涩。河水涨满，舟楫往来，倏尔远逝，万事空悠。这里是欧阳修任职颍州期间，大修水利、展露宏图的福地，如今故地重游，风景依旧，却是花冷不开心！

望着远去的商船，欧阳修感叹：人生到了最后一程，该是说再见的时候了……

从陂塘回来，欧阳修给苏辙去信，告知自己"情怀酸辛"，并留下了绝笔诗："冷雨涨焦陵，人去陵寂寞。惟有霜前花，鲜鲜对高阁。"

1072 年 7 月 23 日，欧阳修病逝于颍州西湖之畔，享年 66

岁。事实上，他只享受了一年的退休生活。

宋神宗听到消息后，辍朝一日致哀。

天下正人节士统统骇然相吊，缅怀这位伟大的政治家、文学家……

二十年后，即 1092 年农历九月初一这一天，有一个五十岁上下的人穿着一身黑色朝服，带着清酒果品，来到颍州欧阳修宗庙门前，失声痛哭，并告慰老师："虽无以报，不辱其门。"

这个人正是苏东坡。

和尚中的潮男释净端

北宋江南有个叫释净端的禅师，人称安闲和尚，通经史，善诗书。因练就一身狮子功，丛林雅号为端狮子。青年时求学于吴山解空讲院，后来从业于湖州灵山孝感禅院，为一代名僧。此人特立独行，佯狂不羁，"每雪朝着彩衣入城，小儿争哗逐之"，喜欢下雪天穿着奇装异服进城，堪称和尚中的潮男。

就是这么一个看似荒诞不经的僧人，一旦认真起来，高谈雄辩，名惊四筵，许多名士显贵与其均有交际，他常常于一饭一蔬一茶一饮之间表现出机智、幽默、闲适、通达。在晚年的隐逸生活中，他无忧无虑，随遇而安，吃嘛嘛香。"坦然斋后一瓯茶，长连床上伸脚睡"，这话正是对他最为形象的刻画。

在与他交往的人中，曾任宰相的政治人物章惇便是其一。章丞相出任湖州知州期间，贪恋当地山水，常常游走于野林禅寺，与净端禅师相处甚好，南宋释晓莹在《罗湖野录》中记载了两人交往的细节："继遇有诏除拜。适乃翁体中不佳。进退莫拟。端投以偈曰。点铁成金易。忠孝两全难。子细思量著。不如个湖州长兴灵山孝感禅院老松树下无用野僧闲。"在经历了仕途上的大起大落，章惇自叹与眼前这位闲云野鹤般的高僧相比，恐怕永远没法静下心来，庙堂、江湖，终究脱离不了世俗的牵牵绊绊。

《宋史》上说章惇有能力，且敢于创新、对外态度强硬坚决，但又形容他"穷凶稔恶"。用现在的话说，人格分裂。他和净端之间，既相互欣赏，又因履历不同、处境不同、学识不同，相爱相敬又相怨，并表现在饭桌的细枝末节上。

有一次，净端禅师应章惇邀请赴宴，没想到章惇有意为难，请吃羊肉馒头，他干脆欣然大快朵颐。章惇说："您今天可真是赚到了一顿美食！"净端说："我向道好吃那个畜生撞着我"，意思是说，我刚刚还在想这馒头真是好吃，原来这头畜生与我有缘。

后来，章惇生日时，"师以白犬一只"，净端送了一只白狗给他。并写寿联一副："山中无羊犬当羊，头无双角尾巴长，非但补劳并益髓，夜间别有好思量。"话里有话，玄机重重啊。

又有一次，章惇请净端吃馄饨，吃完净端提笔写下一句偈语："腥馄饨，素馄饨，满碗盛来浑囵吞，垃圾打从滩上过，龙宫海藏自分明。"还有一次，章惇应朝廷召唤与净端离别，临走前，"师令侍者取糖与相公送路。吃糖次。"净端给章相公塞了一把糖让吃，并问甜不甜，惇说甜，笑而不语。

熙宁十年（公元1077年）正月，母亲去世，章惇将净端请来，在灵山给其母选坟址。事后章惇留饭，净端扫了一眼满桌的美食，怪嗔道："章惇章惇，请我看坟，我却吃素，汝却吃荤"，惹得章惇哈哈大笑。

由此可见，在饮食上净端不给自己设限，并且对吃素成佛不以为然，"早年祈得雨，高山好种田。吃菜若成佛，驴马也升天"。这首反讽诗表达了禅师不被世俗同化，不被伪善迷障的心境。

净端禅师一生愚拙，"名利不干怀，饮食不为念"。日日以溪山为乐，松柏充饥。尤其在茶饮上，体悟很深，并留下了很多禅意深浓的诗偈，"烹茗满瓯雪，掬泉半湿衣""幽雅烹输贡，罏烟爇瑞英"是他生活的写照。在湖州长兴寿圣禅寺期间，他常常汲山泉，捡拾枯松烹茶。"呼童林下烹新茗，情别溪头懒度杯"，每每客人远到，山童会第一时间向禅师报告，比如有一次天圣禅师到访，净端立刻命人"扫开松下坳，锄却路傍草。汲山泉炳松燎，碾茶侍于禅师"。山野之间，这便是最高的礼遇了。

在生活中，净端禅师遵循"游戏三昧"规则，即品茶酬唱、吟诗作趣、自得其乐。有弟子称其"人不堪其忧，而师独得其乐"，实为贴切。

净端独乐时，美酒沽来，佐以鲈鱼或锦鳞。时常划一叶孤舟，或盘坐于陀石，独钓溪水河畔，"钓得锦鳞鲜又健，堪爱羡，龙王见了将珠换"。泉水煮鲤鱼，天然又美味，就连龙王都看着眼馋。有时行船长江，也要抛一把钓竿，"钓得锦鳞船里跳。呵呵笑。思量天下渔家好"。看到锦鲤满舱跳，净端禅师突然有了还俗的念头，感叹，还是做一个普通的渔家好啊，于是吟道："渔家生计好，终日泛轻舟。劚竹为竿钓，裁荷作酒瓯。"不过谁人识得人间愁？渔人所受的困苦，也许正是你眼中的诗情画意。

净端禅师数年长卧森林，修行生涯不足，即使如此，后来还是由太博士承野翁先生恭请入山，住持湖州长兴寿圣禅寺，对于有人认为他不行脚见识少，没有资格住持，禅师给予了回应，说"听教不在多闻，参禅亦非广走"。

晚年净端禅师在顾渚山一带过着"柴软米山田稻"的闲野生

活，禅境越来越开朗，世人颂扬其"皆如寒山拾得之流"，王安石也是对他赞誉有加，称其"有本者如是尔"。

摘取果子吃，莫管树横枝。修行到一定程度，对于禅师来说，山海禅皆遍，哪怕举手投足，行住坐卧，也处处有顿悟。在饮食上，更是寡淡却不失韵味，"口腹无定止，羔菜少盐醋"，正所谓"虽无百味及珍馐，粥饭随缘宜进道"。

净端禅师圆寂于宋徽宗崇宁癸未十二月五日，"以陶器瘗于归云庵下"，世寿七十四岁。其高风遗韵流传后世。

陆游诗词里的饮食细节

陆游几乎是一个家喻户晓的诗人，在各种版本的陆游文集中，我钟爱2016年浙江古籍出版社出版的《陆游全集校注》，该书收录了《剑南诗稿》《外诗》《渭南文集》《放翁逸稿》《逸著辑存》《放翁残稿》《天彭牡丹谱》《斋居纪事》《放翁词》《入蜀记》《老学庵笔记》《家世旧闻》《南唐书》等，是一部大块头的陆游作品总结集。

通读之下，你会发现陆游绝对是一位能写又能吃的人，流传下来的九千多首诗词中，直接写美食的有四百多首，间接与吃有关的更是多达三千多首，通过这些饮食逸诗，会从中窥探出八百多年前宋代人的饮食细节：当时的食品种类、调味料品，各地特色产物，包括饮食习惯和烹饪方法，阶层之间的饮食观念、饮食器具等。如果认为陆游只有"爱国主义"的面孔，那就错了，他绝对是个闲适信达的资深吃货。

如何衡量一个人在吃上够得上"资深"，标准只有一个：想吃什么，就吃什么。陆游就是这样，一提起好吃的，眼睛放绿光，行动起来不打磕绊。在四川工作的八年中，吃川菜上了瘾，只要是关乎舌尖上的事儿，不在乎山水迢迢、舟车劳顿，比如说他有一首诗为《饭罢戏作》，言外之意，是吃完饭写的，诗中描写了这种场景："南市沽浊醪，浮蚁甘不坏。东门买彘骨，醢酱点橙薤。蒸鸡最知名，美不数鱼蟹。轮囷犀浦芋，磊落新都菜。"

瞧，为了吃顿饭，满足口腹之欲，陆游得跑东跑西忙采购。喝好酒，南市的没得说，购猪排得去东门，而且连烹调技法他都毫无保留地告诉你——橙皮加薤白催化出来的猪排是什么味儿呢？这要搁现在，称得上黑暗料理了。陆游先后在汉中、巴蜀、梁州、益州等地上班，也算半个蜀人了，对这里的饮食习俗了如指掌，他说四川人的蒸鸡最知名，鱼蟹类的饭菜也不错，成都新都的蔬菜很新鲜，个顶个的挺拔有型，犀浦的芋头又大又圆品质上好，得空大伙一定要亲自去买。

苏轼也曾写过犀浦的大芋头："朝行犀浦催收芋，夜渡绳桥看伏龙"，陆游在入蜀之前就将东坡这句诗烂熟于心，入蜀后的第一件事就是忙不迭地直奔犀浦了。可见，在饮食上，陆游视苏轼为偶像，他深信跟着前辈的足迹去打卡，准没错。

不过陆游与苏轼二人毕竟不是同代人，在饮食追求上因时因地不同，总体来讲，苏轼爱吃肉，陆游则走的是准素食路线。"东门彘肉更奇绝，肥美不减胡羊酥"，早年他疯狂迷恋羊肉，晚年却对羊肉坚决说"不"，回归故里开始注重清淡饮食，正如他所言，"放翁年来不肉食，盘著未免犹豪奢"。

究其原因，我认为这是基于个人飘摇不定的生活——陆游出生时，北宋面临亡国，金军大举南侵。成长期亲历兵荒马乱，一直到三十四岁经人举荐正式出仕，官场生涯始终郁郁不得志。到了晚年，被免官后家计萧条，入不敷出，乡居生活愈加清贫，他时时感叹"今年彻底贫,不复具一肉"。本想来年会更好,不料"今年贫彻底,拟卖旧渔矶"。

一

陆游有不少"戏作",分明是拿自己开涮、打趣、解闷儿,比如除了《戏罢戏作》,还有《伏中官舍极凉戏作》:"尽障东西日,洞开南北堂。漏从闲处永,风自远来凉。客爱炊菰美,僧夸瀹茗香。晓来秋色起,肃肃满筇床。"大伏天出差住宾馆,只有寡淡的茭白可吃,没肉,自嘲一番吧;《累日无酒亦不肉食戏作此诗》:"小筑精庐剡曲傍,枵然蝉腹与龟肠。酒钱觅处无司业,斋日多来似太常。云碓旋春菰米滑,风炉亲候药苗香。明年更入南山去,要试囊中服玉方。"这首诗是陆游于淳熙九年九月写于老家山阴,描写的情景正好印证了其退休后无酒无肉的清苦日子。盼星星盼月亮,终于盼来改善生活的时候,1186年的一天,六十一岁的陆游偶得海蟹三两只,下口小酒过把瘾,于是写下了《偶得海错侑酒戏作》:"判无神药斸清冥,放贮那憎海物腥。满贮醇醪渍黄甲,密封小瓮饷红丁。从来一饱忘南北,此去千锺任醉醒,添雪更知凭茗碗,山童敲臼隔窗听。"理想抱负得不到实现,陆游觉得有酒有肉就是生活的全部,管他什么南北与醉醒呢;《冬夜与溥庵主说川食戏作》:"唐安薏米白如玉,汉嘉栮脯美胜肉。大巢初生蚕正浴,小巢渐老麦米熟。龙鹤作羹香出釜,木鱼瀹菹子盈腹。未论索饼与馎饭,最爱红糟并竹粥。东来坐阅七寒暑,未尝举箸忘吾蜀。何时一饱与子同,更煎土茗浮甘菊。"这首诗是陆游离开蜀地后，与朋友聊天，回忆起在四川工作时的日子，怀念在那里吃过的薏米、棕笋、面条、菜粥、羹烧饭、大巢小巢菜、峨眉山附近的龙鹤野菜，甚至是喝过的土茶。

陆游活到八十六岁，在外做官的时间不到二十二年，除去游宦在外的时间，在浙江山阴（今绍兴）乡村闲居了近六十年。这六十年他是怎么度过的？那就是以写日记的方式写诗，反正就是为了消磨时光，其中描写宋代浙东山会平原乡村地道物产美食诗居多，诗中常出现黄耳（黄木耳）、白头韭、韭黄、野苋、莼菜、秋葵、姜芽、蒌蒿以及牛乳、奶酪、甜羹、饹等，有时候记录当地小吃的烹饪技法，比如《甜羹之法，以菘菜、山药、芋、莱菔杂为之，不施醯酱，山庖珍烹也，戏作一绝》。

陆游时常外出闲游，行吟于山海河港之间，或骑驴，或泛舟，搜寻乡野茶饭，对食戏作，聊以慰藉。

为了安置从四川带回来的小妾杨氏，1184年春天的一天，天下着雨，陆游从山阴出发，到达府城东南十五里的石帆山下的石帆村，被这里自然风光和淳朴民风所吸引，晚上投宿在了一村民家，萌生了在这里再营建一个"家"的念头。

第二年，他便在这里新置了田产，建了别业（据说是租借的），后来又买了耕牛，有诗为证："老子倾囊得万钱，石帆山下买乌犍"。在宋代，买耕牛是一笔很大的开支，花掉了陆游许多积蓄。陆游在世时，全家上下约有四十多口人，基本上凭他一己之力来维持，因此退休后的生活非常清苦。

所以他不得不勒紧裤带过日子了，好在陆游对生活没什么奢望，就连吃碗普通的菜面也很知足。1199年初春，七十四岁的陆游亲自上厨爆香葱油，烹煮了一碗面，浇上菜汤，坐在茅檐下晒着太阳舒舒服服地吃了下去，他觉得这是人间最美味的水煮面，胜过天上神仙吃的食物。当天，他写下了两首同题诗《朝饥食齑面甚美戏作》："一杯齑馎饦，老子腹膨脝。坐拥茅檐日，山茶未用烹。"另一首是"一杯齑馎饦，手自芼油葱。天上苏陀供，悬知未易同。"

公元 1201 年秋天，铁木真和札木合集团的最后一战在贝尔湖哈拉河上源进行。这一年，陆游七十六岁了，窗外事就是云烟，他已经力不从心了，作为一个务实主义者，他只关心自己一家人的饥饱冷暖。好在乡下务有二亩三分地。虽说不是大富大贵，却也小富即安，小成即满。

有一年庄稼小有收成，他激动之余写下一首《对食戏咏》："一饱欣逢岁小穰，时凭野馈诳枯肠。橙黄出白金齑美，菰脆供盘玉片香。客送轮囷霜后蟹，僧分磊落社前姜。秋来幸是身强健，聊为佳时举一觞。"陆游的意思是，过去只能吃些野菜，今年还可以吃到稻麦，除此之外，还有黄金的橙皮酱、雪白喷香的茭白片，虽然没有王昌龄的青鱼鲙，却有客人送来了肥美的螃蟹，就连村头古庙的和尚也为他捎去上好的伏姜，管它什么铁木真还是札木合，秋后老子骨身子尚硬朗，干脆干上一杯，岂不美哉！

1202 年春夏之际，根据政策，陆游应当补办退休手续，这样就可以拿到可观的俸禄补贴，但他没有申请，错过了。当时绍兴政府还发放"栗帛羊酒"等福利，陆游也懒得讨要，所以只好自己种地维持生活。是艰辛了点，但简朴快乐的生活，是陆游所追求的，正如他所言"不为官休须惜费，从来俭简作家风"。

这一年，陆游又写了一组对食戏作，"香粳炊熟泰州红，苣甲莼丝放箸空"。"米如玉粒喜新春，菜出烟畦旋摘供。但使胸中无愧怍，一餐美敌紫驼峰。""霜余蔬甲淡中甜，春近灵苗嫩不蔹。采掇归来便堪煮，半铢盐酪不须添。"

最美的味道就是原汁原味，闲居在家的陆游，出了茅草屋伸手就能摘得新鲜的莴苣、莼菜，采回来只需一口铁锅、一瓢清水、一把柴禾就可以了，吃的时候什么调味不用添加，再配上一碗"泰州红香米"，这样的家常饭远远胜过那些顶级驼肉。

"紫驼峰"在宋代是一种罕见的高档美食，被南宋周密"列于八珍"，宫廷里的骆驼均为国外客商进贡而来，吃法也有悖常理，甚至违反人性和道德风尚，陆游在这里以一句"但使胸中无愧怍，一餐美敌紫驼峰"，"戏"出了他朴实无华饮食观：真正的美味不必舍近求远，只要心中无愧意，吃糠咽菜也能抵达诗与远方。

二

深谙养生之道的陆游，一生爱茶、痴茶，茶饮自然成了陆游生活中不可或缺的一部分，这方面的诗词数量据统计有 320 多首：下雨天，"茶铛声细缓煎汤"；秋夜病卧，"茶铛飕飕候汤熟"；早晨睡起试茶，吟上一句"自候银瓶试蒙顶"；初到荣州，"瓦鼎号蚓煎秋茶"；宦游蜀地，"茶香出土铛"，日日啜饮，做茶人。就连听闻王嘉叟的死讯后，陆游也要"石鼎烹茶当醊醑"，以茶代酒，遥寄故人。王嘉叟，即王柘，陆游绍兴三十年到临安为官后结识的朋友，意气相投，友谊笃厚。

宋代人在品茶上很有讲究，这一点从陆游的诗中便能看出，更何况他还担任过十年的茶盐公事。首先是茶具的选择。通读陆游诗词，发现常出现铜碾、茶铛、瓦鼎、石鼎、风炉等器具。

铜碾，是宋代百姓用来碾茶的家什，看来那时候是把茶碾碎煮的，正所谓"碾茶为末，注之以汤，以筅击拂"。陆游曾写有"江风吹雨暗衡门，手碾新茶破睡昏""银瓶铜碾俱官样，恨欠纤纤为捧瓯"的句子，再现了他在宦游中的茶食生活；茶铛，是煎茶用的釜，唐代野外煎茶之风盛行，通常携茶铛出行。宋人承袭唐人遗风，茶铛在日常生活中被普遍采用。只是退居乡野的陆游手头并不阔绰，与其附庸风雅充面子，倒不如去农贸集市淘个廉价的土铛来使，当然有时候也会选用瓦鼎或石鼎来烹茶；风炉是起源于唐代的一种煮茶器具，据说是陆羽发明的，用铜或铁铸成，像古鼎。与茶铛相比，风炉更适宜户外用，像陆游这样穷老山林的士人，拥炉而坐，风不请自来，点一根枯枝，煮三两盏清茶，不顺从主流，不求名逐利。一个人时，"自候风炉煮小巢"。与好友共饮时，"旋置风炉清樾下，它年奇事记三人"，这是陆游与何元立、蔡肩吾在东丁院的"风炉之约"，茶酣之际，想必在树荫下，他们会彼此望上一眼，感叹"莫道日月长，只恨相逢短"。

说到陆游与茶的机缘，曾几这个人不得不提。

曾几祖上是江西人，后迁居河南洛阳，学识渊博，为官勤勉，《宋史·曾几传》对他有介绍，但对他被免期间，隐居上饶茶山只字未提。

陆游从小听闻过曾几的大名，二十七岁时拜其为师，诗词写作深受曾老师影响，"予与诗得名，自公始也"，曾几在茶山寺隐居 7 年间，二人常有书信来往，他们经常在信中探讨茶道，描述茶食生活。

曾几罢官后寓居上饶茶山不久，就给陆游写了一封信，说了一些近况，并附赠诗一首。这一年大约是绍兴十九年（1149 年），陆游收到信后，高兴坏了，赶紧回赠了一首《寄酬曾学士，学宛陵先生体。比得书云：所寓广教僧舍有陆子泉，每对之辄奉怀》。

诗中充满了对老师的崇敬之情，并视其为禅茶精神楷模，"公闲计有客，煎茶置风炉。倘公无客时，濯缨亦足娱"。陆游一边回信，一边想象老师烹茶待客时的悠闲神态，此时此刻他多么希望能与恩师待在一起，替老师打陆羽井的水，帮老师劈柴烧沸煮嫩茶，然后二人对酌品饮话人生。

"时时酌井泉，露芽奉瓢盂"，陆游希望自己有朝一日能像曾老师那样，时时用陆子泉水泡春茶喝，彰显高雅风姿。

有一段时间，陆游在南昌、抚州、福州等地任职，每次回山阴老家探亲经过上饶，都要上茶山慰问老师。当时的茶山是什么样子呢，曾几这样写道"残僧六七辈，败屋两三间。野外无供给，城中断往还"。寥寥数字，勾勒出了茶山残败荒凉的景象，可见被罢官后，曾几的生活是非常艰苦的。

每次到茶山，陆游除了向老师学诗外，还请教茶道。

有一次他问曾几"如何方得养成浩然正气？"曾老师回答说："但煮东坡所种茶。"意思是，这茶道，你得向东坡先生学习，学他对水的理解，学会了，浩然正气自然到来。东坡说过，"活水还须活火煎，自临钓石取深清"。正是如此。

受曾几影响，陆游对煮茶之水的选择也非常讲究。这从他的诗中就能看出来。

如《同何元立蔡肩吾至东丁院汲泉煮茶》：

"一州佳处尽裴回，惟有东丁院未来。身是江南老桑苎，诸君小住共茶杯"，"雪芽近自峨嵋得，不减红囊顾渚春。旋置风炉清樾下，它年奇事记三人。"

这首诗描绘了这样一幅图景：

在一个遥远的下午，陆游与二位茶友相约去幽静的东丁院行闲雅之事，他们一人拾柴禾，一人烧风炉，一人汲取清冽的泉水，然后坐在树荫下烹茶聊天，茶过三巡意更浓，陆游的话也多了起来，称自己是茶圣的后代，接着聊起了名茶名苑，聊起了北苑茶、武夷茶、銮源春等名茶，并谈到了新近从蜀地运来的新茶，对二人表示这是采自峨眉山海拔一千米处的雪芽，嫩绿油润，清醇淡雅，请诸位好好喝、细细品！

当然，按陆羽的标准，泉水还算不上宜茶好水，基于先祖水论，茶圣总结出四个字："用山水上"，意思是说，煮茶的水，用山水最好。陆游用一生的行动践行着宗族的这一理论。

1169 年，四十六岁的陆游在家闲居了五年后，再次被宋孝宗启用，任夔州通，主要负责学事和农事。夔州通，即夔州通判。通判由皇帝直接委派，相当于知州副职，有直接向皇帝报告的权利。事实上陆游在夔州期间，通判之职其实是闲职，3 年任期，实打实只有一年四个月，加上水土不服，多次病倒，所以这几年他是很郁闷的。

这年夏天，陆游携带家眷从山阴出发，路过临安，然后沿着运河北上，经过今嘉兴、苏州、无锡、常州等地，进入长江。

当年十月八日，陆游一行到达宜昌西北的西陵山，游览了三游洞，在下牢溪潭下取水煎茶，并赋诗一首，题为《三游洞前岩下小潭水甚奇取以煎茶》：

"苔径芒草奚滑不妨，潭边聊得据胡床。 岩空倒看峰峦影，石间远中含药草香。汲取满瓶牛乳白，分流触石佩声长。囊中日铸传天下，不是名泉不合尝。"

据说此潭长年悬于西陵山崖下，涓流不歇，符合陆羽"用山水上"的取水理念，千里迢迢走一遭实属不易，陆游自然不会放过这次机会……

十月二十七日，陆游从水路入蜀，五千里走了一百五十七天，终于抵达夔州，正式上任通判。

陆羽在《茶经》中论到了山水、江水、井水，就是没有提到雪水。

其实早在唐宋时，"扫雪烹茶"已经成为人人争相效仿的风雅之事。白居易就有"吟咏霜毛句，闲尝雪水茶"的句子，唐代诗人、农学家陆龟蒙也曾写道："闲来松间坐，看煮松上雪。"宋代辛弃疾常常"细写茶经煮茶雪"，南宋作家吴自牧在《梦粱录》中提到："诗人才子……以腊雪煎茶"。

陆游也不例外，喜欢用雪水烹茶，还特地写了一首《雪后煎茶》诗：雪液清甘涨井泉，自携茶灶就烹煎。一毫无复关心事，不枉人间住百年。

1177年初春，陆游行走在巴蜀大地上，登上西岭雪山，写下了《卜居》这首诗，其中有两句："雪山水作中泠味，蒙顶茶如正焙香"，至今仍被当地人时常引用，成为对外推介蒙顶茶的经典广告语。

在诗人看来，西岭雪山水煮蒙顶山茶，能喝出扬子江心水的味道。两年后，也就是 1179 年早春，陆游作为专职茶官，从四川来到建安，迎来了满天飞雪，兴奋之余，边品着福建建溪官茶，边挥笔写下了《建安雪》："建溪官茶天下绝，香味欲全须小雪。雪飞一片茶不忧，何况蔽空如舞鸥。银瓶铜碾春风里，不枉年来行万里。从渠荔子腴玉肤，自古难兼熊掌鱼。"

陆游边品着贡茶，边欣赏着雪景，一想到马上又要到福建做官，不但天天可以喝这样的好茶，而且还可以品到美味的荔枝，谁说鱼与熊掌不能兼得呢？所以他很知足。

倘若将雪水茶与潭水茶作比较，孰上孰下，未有定论。只是唐代张又新在《煎茶水记》里提到雪水时，将其排在了末位，而且强调不可用太冷的雪。甚至有人贬雪水为"浑浊有毒之物"，不可食用。

相反，历史上却有一些人偏偏将雪水奉为灵水、天泉，甚至称其为"五谷之精"。有人站在中立面，说雪水味清，却有一股土气，可以装在干净的瓦罐里储存起来，一年以后味道可达到最佳状态。总之，每个人站在各自的道德立场高谈阔论，"文人相轻，自古而然"，哪有是非可言呢？

最懂风雅的宋朝人，有一款喝茶时食用的大众零食是糖炒栗子。

大众到什么程度呢？从大宋皇帝御用的宵夜果子合，到市井酒肆里的平民吃食，栗子就像是现在的网红食物。比如宋代大文化人黄庭坚就说，"围棋饭后约，煨栗夜深邀"。美味的栗子，丰富着宋代中产阶段的夜宵生活。

　　细心的人会发现，陆游也喜欢烹茶煨栗，甚至连做梦都与朋友品茶食栗，比如这首《昼寝，梦一客相过，若有旧者，夷粹可爱，既觉，作绝句记之》："梦中何许得嘉宾，对影胡床岸幅巾。石鼎烹茶火煨栗，主人坦率客情真。"看来，烹茶煨栗在当时是最流行的待客之礼了。

　　陆游在他的诗中介绍了栗子的烹制方式，如《闻王嘉叟讣告有作》中"地炉煏栗美刍豢，石鼎烹茶当醪醴"。地炉，交代了烹制灶具，煏字，交代了烹炒手法，美刍豢，指代的是味道。刍豢，指牛羊猪狗等牲畜，泛指肉类食品。

　　"山栗炮煏疗夜饥"，有时候夜间饿醒了，陆游会爬起来嚼几颗炒栗子。倘若睡不着时，再轻轻呷上几口小酒，然后趁着月色皎洁迷人，独自拎个铜瓶，优哉游哉地晃到井边打水煮茶，正所谓"井边双梧桐，映月影离离。上有独栖鹊，细爪握高枝"，白日里的喧闹蛰伏了起来，"四邻悄无语，灯火正凄冷"，梅影悄然映在长廊上，唯有一个人的夜，才是真正的夜。又是一个失眠之夜，好在有茶，有酒，有热烘烘的炒栗，时光如尔，常伴吾身啊。

岳飞孙子为何隐于庐山

岳飞有个孙子，名为岳珂，个性与爷爷截然不同，温润内敛，诗文写得闲愁万斛、圆美流转，喜好书法，精通文史，是最早系统性研究岳飞的专家，为官之余，还喜欢深入民间收藏典籍和古物。

显然在格调上，岳珂要比爷爷高出一截。

岳珂从小丧父，是母亲把他抚养成人。早年随家眷流放岭南，二十岁时考取功名，出任镇江府监仓官，后来担任户部侍郎、淮东总领等职，前半生可以说是顺风又顺水。

然而他的命运交叉点出现在理宗绍定六年（1233年）冬天。

这年元宵节，看完一场花灯晚会后，岳珂触景生情，写了一首怀古诗，提到了靖康之耻，被京口郡守韩正伦抓住"小辫子"告上朝堂，皇帝当场治罪，让他卷铺盖回家。这对岳珂而言是个沉重的打击，他万万没有想到被自己的得意门生诬告。

"欲问死生何许是，紫烟浮处认香炉。"被贬后，岳珂拖着疲惫不堪的身子来到庐山，回到石门涧，守望岳氏宅区。一待就是五年。《玉楮诗稿》就是在这期间动笔的，诗稿中没有宏大叙述，有的只是对生活日常的琐碎记录。

和岳飞不一样，岳珂努力向杜甫学习，大胆地引俗物入诗，以食物为载体来治愈自己。偶尔与名士交流，往来酬唱，以此虚荣，挽回一点贵族颜面。反正快乐是一天，不快乐也是一天，何不忘却那些冤屈之事，以一颗素人之心，投身于烟火庐山呢。

一

靠山吃山，靠水吃水。

沿着长江逆流而上，到了九江，水道在眼前密集分叉，塑造了丰饶的"四大米市"之一。在庐山的护佑下，这里自古出种粮、种茶大户。山珍河鲜琳琅满目，还不乏平原圃畦时蔬。

岳珂笔下常出现螃蟹、鸭鱼、大枣、蒲萄、蔬菜、笋蕨以及自家酿的雪醅、茶粥等，甚至连馒头他都写。其中对螃蟹的偏爱，暴露了他的饮食态度——梦想能够像东晋蟹神毕茂世那样，一手持蟹螯，一手持酒杯，拍浮酒池中，便足了一生。

每年九月，对于嗜蟹如命的岳珂来说，是一个敞开肚皮大吃大喝的诱人季节。秋意虽撩人，不及香蟹惹人醉啊。

秋风起，蟹脚痒！一日，他想给高定子寄送美蟹，不料外出的家僮未回，只好作罢。于是写下了《九江霜蟹比他处黑，膏凝溢，名冠食谱久，拟遗高紫微而家僮后期未至，以诗道意》，他在诗中大胆地放出溢美之辞，说自己吃过江阴的海蟹，也尝过湖北的湖蟹，但都没有九江的霜蟹可口。

"九江九月秋风高，霜前突兀赡两螯。昆吾欲割不受刀，颇有苌碧流玄膏。"他给高定子的诗中传递了四层意思，即九江霜蟹"通透、肥美、膏满、黄多"。可惜啊,他又无不遗憾地表示,今年霜蟹晚至,只能"对酒空悠哉"喽,有酒无蟹的日子,纵使风花又雪月,怎么熬都是难过。

高定子,南宋蒲江人,理学家魏了翁兄,比岳珂大五岁。岳珂写这首诗时,他正在夹江县任知县。二人是挚友、是吃货,也一定是因蟹结缘,这一点,在其他诗中均能得到印证。

《玉楮诗稿》中以螃蟹为题的诗有四首,两首与高定子有关,其中一首《以螃蟹寄高紫微践约,以雪酷,时犹在黄冈》是对事前约定送蟹之事的践约,从诗题看,这年的霜蟹顺利寄出去了,而且还给高先生捎去了一罐美酒。"古为乐事夸持螯,赤琼酿髓玄玉膏",通过这首诗,岳珂照例将九江蟹吹嘘了一番。他说,金秋时节,菊花吹英,又是一年好食光啊。朋友,什么是人间乐事?乐事就是像古人那样手持蟹螯,挥斥方遒。什么是幸福?幸福就是喝一杯雪酷,再狠狠地咬一口膏满黄多的九江大闸蟹。

心觉庐山是雪山,人生何处似尊前。

赠给高定子的酒,是岳珂去年用庐山雪水亲酿的,每一滴清酌里都藏着庐山的太阳,都浓缩了山家无数个念头:他参考古谱,将庐山雪放入锅中,烹化成雪水汤,浸泡精糯,第二天再蒸制成饭,微温后,再采上四五升的松上雪,和饭拌在一起,添加特殊工艺制成的发酵曲,搓匀,置于坛中,密封于干燥的地方,两月后酒即成……岳珂心想,啖蟹佐雪酷,香气浓盛,肥甘厚味,如此清奇的吃法,最适宜你征战蛮人、班师回朝、清雅游赏的高大人了。

岳珂在庐山,还有一个交好的朋友,那就是赵季茂。此人生平事迹不详，曾任通判。依照后人描述，赵为当时景德镇浮梁县的一位官员，文章严谨，政简刑轻，清正贤良，美名远播。

就是这样一位名不见经传的人物，岳珂写给他的诗却最多，约有三十首，内容涉及生活琐事，互相通报近况，跟食物有关的多达十余首。赵先生赠他海鲜，岳珂馈以山笋，君子之交，你来我往，皆于酬唱祝颂之际见真情。

一年秋，岳珂收到赵季茂派人快递来的螃蟹，打开一看，"目早同晚暭，螯曾与虎持。紫鬐卸金甲，赤髓映琼肌"。一麻袋的螃蟹个个瞪着眼睛，张牙舞爪，好是威风。这可是活蟹啊，岳珂大为兴奋，于是，呼家僮，备锅灶，烹美鲜，在深秋黄昏，秋霜初上，映着玄月，携一家老小，折蟹脚，开蟹斗……

那一刻，岳珂的脑海里像放电影一样，噗嗤冒出若干个画面来：想想被贬隐居庐山以来，只为裹腹劳碌忙，整天扛着锄头，上山下沟，爬岩蹚水，饿了以山肴野蔌充饥，渴了随便掬一捧野泉，那真叫一个辛酸啊……他将这种喜极而悲的感受，写进了《赵季茂遗予郭索，侑之以诗，予早上亦遣山肴两介》一诗。

古代文人士子交往，感情到位，远人互赠，不论是谁，但凡手里有什么就赠什么——有酒赠远人，攀花赠远人，红豆赠远人，手携此物赠远人，等等。有条件了，干姜枯鱼赠远人，没条件，清风明月也能赠远人。像岳珂与赵季茂，山珍与海味互通有无，也算是人情世俗里的至高境界了。

很长一段时间，岳珂与赵季茂的关系陷入了"蜜月期"，他们是诗朋文友，更是"有命其言君听取，一生一死见交情"的患难故交。

恰时，岳珂也正赋闲乡野，在经历了这场"文字祸"后，身心急需抚慰，他遗世独立的小世界里需要透进灼光。而赵季茂作为一介地方小吏，长期奋斗在基层，知道宦海深不可测。他向来敬重岳圣，并在与其后人岳珂交游时，任这种敬意横衍纵漫，纤毫隙地，层层密布……故而他三天两头给岳珂送活鲜，岳珂不停地给他写酬谢诗，晒朋友圈，这种行为我们自然能理解。

有一天，岳珂收到一个大包裹，打开一看，有鳗鱼、鲎鱼、墨鱼，有甲香和沉麝等花药制成的香料，名为甲煎，甚至还有松子，散发着淡淡的松木油味儿，撩拨着他的神经。

"掀天吹浪九夷东，维错分珍意倍浓"，他当即提笔感谢这些来自"九夷东"美味，感谢赵季茂的深海情意："珍重故人劳问遗，为言耕陇正勤农"，他隔着庐山千重云水，向老友道一声珍重，并向对方汇报自己勤勉的耕居生活，别牵挂了，一切都好。

又一日，山菊花正艳，马蹄声嗒嗒，沿着棠湖传来。"一骑红尘自远方"，驿夫小哥又送来一个大包，里面有蚶子、鲨鱼、乌贼、马蚝、车螯、海蚌，软的、硬的、爬的、游的、紫的、红的、黑的、白的，花花绿绿一大堆，像一幅梦幻般的海错图景。岳珂脑子里立刻浮现出明月、晴霞、青瓦、珠房来，瞬间，几行诗句跃然纸上："明月擘蚶分砮，晴霞浴鲨露珠房。鲗乌鲎白螺开靥，蚯暇红鳔挟肠。"

在《谢赵季茂海错二律》一诗中，岳珂自称荒野老饕，出门蓬蒿满地，寒烟寥落，唯有给他希望的是那片向阳生长的苜蓿。好在有美食下酒，"故将饮兴发风骚"，乘着酒兴，磨得墨浓，蘸得笔饱，将那胸中感激的话儿挥毫出去，让庐山云崖高松见证他们的友谊。

"逃神绣佛正长斋，谁遣缸罂海上来。"

再过时日，岳珂收到赵季茂送来的一个瓶子，口小腹鼓，非常奇异，打开一闻，一瞧，原来是他最爱吃的鲎酱，瞬间馋虫上脑，原本信佛的他，也顾不得什么戒律了，扯开嗓子冲山野豪喊，让夫人整几道小菜，配上鲜美的鲎酱和酒，"尊姐折冲定无敌，江湖岁晚莫论才"，这顿饭有鲎大王坐镇，那可真是一酱上席，百味含馨，河汉灿烂！

来而有往，是一个文人交游的职业标准。"采芝从涧底，策杖又山颠。"每次收到海鲜大礼包，岳珂都会亲自进山，将采来的庐山珍品，比如灵芝，以及天花蕈、冬笋、玉延等给赵季茂一并寄去，"凭君试隽山中味，却较闲忙定不差"，他邀请老友品尝，说这些丽水山耕的野货，个个餐霞饮液，吸纳天地灵气，味道肯定不会差的。

二

在岳珂的朋友圈，有一位级别较高的官员，那就是九江人吴季谦。

吴季谦的经历颇为神奇。据《齐东野语》记载，吴在鄂州担任县尉的时候抓捕到一个水匪，经审讯，又顺藤摸瓜破获了一桩旧疑案，因此名声大振，被提拔为待制，一下子成为皇帝身边的红人，不久又晋升到兵部侍郎的位置上，相当于南宋国防部副部长。

在《玉楮诗稿》中，岳珂给吴季谦写了六首诗，有践约一起游山的诗，也有二人共赴陶渊明故里接受心灵洗礼的诗，有寒暄戏答，偶有日常倾诉。当然也有一些推不掉的应酬之作。

有一次，吴季谦给岳珂送去了他的自酿酒，一来二人曾是军旅同事，二来请岳珂喝酒，也是为了打打民族英雄岳飞的擦边球，好为自己的家酒赋能。岳珂在品尝了美酒后，又受邀去参观了吴家的酒坊，心领神会地写下了《吴季谦侍郎送家酿香泉，绝无灰，得未曾有，戏成报章》一诗。

岳珂在诗中说他"有酒不向官方酤"，言外之意，官坊的酒杂质多，太陈腐，也就是我们常说的浊酒。在岳珂看来，浊酒就是风尘，就是打打杀杀的江湖，这一点，他受够了，他宁愿泡一杯庐山的云雾茶也不碰官壶那玩意。这说明岳珂在喝酒这个问题上是有原则的，正所谓宁喝好酒二两，不喝劣酒一斤，上好的私酿酒才是他的最爱。

"当家香泉世无比，米洁曲甘醇且美。"他大夸特夸吴侍郎家的酒好，原因是好酒选好料，泉香米洁，酿出来的酒甘醇绵厚，爽心活舌。

两宋时期经济发达，粮食生产激增，官私酿酒业十分盛行，尤其私酿酒注重个性张扬，取材也格外讲究。因此，在酒坊的选址上，吴季谦追求逐泉而建，这一点没有史料借鉴，不妨推想一下，他一定选庐山最有名的谷帘泉来酿酒。而诗中所谓香泉，就是谷帘泉。此泉由茶圣陆羽加持，能泡出好茶，必然能酿出"世无比"的泉酒，否则，南宋名臣王十朋、词人张孝祥、作家周必大这些先贤也不会为喝一口谷帘泉酒而争相吟诵。

"君不见柴桑于酒特寓意，相逢不择贱与贵，要是醇醨均一致。"

是啊，好水好米，还需纯熟的技艺来酵发匿于舌尖深处的五谷之音，真正的友谊是能够超越贫富贵贱的，只要两人订交，酒酣耳熟，不言厚薄，不悲荣衰。

岳珂从环境、工序、味觉等多角度无死角对吴家酿酒进行了一通扫视，这让人们不得不信服，如此秉承大宋工匠精神的美酒，想必静静地躺在陶坛深处，在微氧化的作用下，不急不缓地"呼吸"着，成为庐山下最有生命的乡野之物。

"酿成不肯饮俗客，浇著柴桑旧时宅。"

柴桑古县，山水大美，曾滋养了中国历史上的"隐逸诗人之宗"，如今，不变的故地，同样的水土，吴家酿出来的酒其格调完全不输陶潜的土酒。显然，岳珂的话里有替吴长官吹嘘打广告的成分，也有讨好之嫌，拿陶渊明与吴季谦作比拟，又不忘标榜自己非"俗客"。

最后还说，"黄花飘香石耐久，明日同行且携酒"，朋友啊，黄花飘香之时，咱再携酒登庐山，且醉且珍惜……这场局还没有结果，已经向吴侍郎预支下一场！倘若岳飞有岳珂这情商，也许不至于落到被人构陷而死的地步。

当然，所谓的"明日同行"，一等便是个未知数。

庐山的冬季格外漫长，通常要持续到四月初，中旬以后温度攀升，缓缓进入春季。万物生灵，开始从长江平原雨水与优质山地季风的交织中汲取能量，大自然以它无尽的慷慨和守信，为庐山人奉送着味浓性辣的云雾精灵——庐山毛尖。

1236年清明前后，考上进士的福建人潘牥初到南昌任职，屁股还没坐稳便收到从庐山寄来的茶，于是写下了"砖炉石铫自烹吃，清落诗脾作雪花"。潘牥疑惑，"谁采匡庐紫玉芽？"这永远是个秘密。

大约也是这个时候，岳珂从茶山上下来，呼来家僮，派发出一份特殊的践约。

不日，两位衣着粗朴，骨子里却明显透着非凡气质的"官人"骑着大马来到棠湖边，轻轻叩响了岳珂的家门。来者是老朋友吴季谦。这次他还带来了冯可久，三人相约一起去庐山玉渊游赏春景，这一事被岳珂记录于《春晴将游玉渊，践吴季谦待制、冯可久武博山行之》一诗中。

冯可久，易学家冯椅之子，朱熹门人，来庐山之前刚刚卸任武学博士（相当于专职军事教练），初来九江任知守，第一站就是庐山，也算是度假式考察。

云雾初晴，他们策杖来到被岳珂称为"神龙渊"的玉渊，一下子被眼前的美景所震撼，山、岩、瀑、泉、渊、雪、花、树、雾、烟、云，千名圣境，瞬间唤醒，一切"慈心鬼神"统统被感化。

"总持包万法，卓荦栖群贤。"在大自然面前，人是多么渺小啊，什么功名利禄，都是过往云烟。不入轮回，逍遥自在，才是永恒的追求。三人感佩之际，当场供出糕饼，点燃兰荃，订立盟约，永结交好，继而"先寻遗民盟，吹迹绣佛禅。策杖挂钱去，拂石看山眠"。

那天从庐山下来，天色入暮，夜露含花，三人又乘兴开启了一瓶吴侍郎家的自酿酒，挥杯一觞，怡然自乐。

三

早年心态狂热，时时进取，晚年知命之年遭遇打击，隐居庐山期间，岳珂开始真正地思考人生。

当时朝野上下掀起了一股尊崇理学的风气，岳珂偏安庐山一隅，也开始阅读程颢、程颐、朱熹的作品，并试图通过佛道，避开闲言碎语的俗世，实现独立的精神归隐。

"有草已成陶径荒"，岳珂将自己的隐者之居戏称为"陶径"，灵感来自陶渊明《归去来兮辞》"三径就荒，松菊犹存"。

所谓"陶径"者，依山傍湖，山是庐山，湖是棠湖，湖岸上有柳树、桃树、杏树、苹果树等，一年四季，鸡鸣莺啼，乌鹊绕枝。翠油油的蔬园近在咫尺，远处，是一片片整整齐齐的田圃、茶园。三五间茅舍被乱竹围个密密匝匝，唯有苜蓿顺着篱墙爬上来，荒村野谷方有一股生机。

岳珂想，这样的"陶径"，何不像辛弃疾的"瓢泉"呢。

绍熙五年夏（1194年），辛弃疾被罢官回上饶，来到瓢泉，决意在这里垦荒、结庐、种柳，打造瓢泉庄园，复制渊明式的田园生活。

"那么我是复制不为五斗米折腰的陶公，还是克隆闲适旷放忧世进取的辛公呢？"岳珂脑子里突然冒出这个念头。

他又觉得自己有点傻，继而想起1214年在嘉兴金佗坊撰写《桯史》的情景来，想起书中记录当面点评辛公的一段往事：稼轩每次在饭桌上作词，并当场让歌伎演唱，唱到动情处，会激动地拍大腿。在座的人也跟上叫绝。唯独岳珂提出了修改意见，这让辛弃疾刮目相看。

那时候他还是个愣头青，初出茅庐，无畏征途。

真正的文人正直无妄，谁没个被贬的经历。毕竟同命相惜，岳珂曾一度幻想过上像稼轩那样的瓢泉式生活，没想到这样的日子已经摆在了他的眼前：倦翁招宴，野蔬薄酒，村居小唱，淳朴待客。只是瓢泉变成了庐山，变成了棠湖。他还羡慕情味高远的白居易，白乐天不附权贵贬居庐山，将个人情绪投建到山水文园之中。他也向往王维参禅奉佛的仙居生活，却做不到人家那般的精致玲珑。

岳珂并不擅长打理庭院，追求佛系躺平。他在诗中多次提到"北窗"。

"东日平明际，北窗高卧时。"隐居不仕的人，黎明破晓，高卧竹榻，透过北窗，看到旭日正东升，胸中燃起一丝幽幽之光。此北窗亦为陶渊明遁匿的"北窗"，多年失修，但又不完全是……

"当暑凉风惬北窗，半庭蒿棘碍支床""屋间云可宿，檐曝日常暄""往岁当流马，归心听杜鹃"。

岳珂的院里长满了荒草，但他懒得去除，任其纵横恣肆。他想过过闲云野鹤的生活，适性地躺在屋檐下晒太阳，吹着山风，喝着野酒，听杜鹃鸣唱，优哉游哉，聊以卒岁。若有野客来访，"一缣供厩枥"，一匹粗布拉开铺在马槽上，"便容四坐接杯觞"，四人对饮，心豁酒酣。这样的欢愉毕竟是短暂的，更多的时候，他一个人要面对无限的寂寥。

有一年秋冬，岳珂病了，彻夜难眠。天未亮，清风吹来，北窗微寒，帷帐舞动。

"忽苦舌疡，甚不能饮食"，于是他一边"呼僮燃粥鼎"，一边静静地躺在床榻上，看着圆圆的月亮挂在檐角，聆听溪水绕屋而过，奔向那宽宏的河谷，更远处，传来山瀑飞泻的轰鸣声。他恍惚觉得另一个自我，穿过时空的迷障，飘过潺潺涧流，直奔那幽幽的东林寺。

"君不见东坡昔步虎溪月，夜听溪声广长舌。溪声不断流不枯，此段磊落真丈夫。"他仿佛看见东坡先生来访庐山，与参寥和尚卧枕虎溪，彻夜长谈，那溪水像佛的广长妙舌，诉说着大千世界的诚实。又似乎看见爷爷岳飞卸甲归来，漫步于东林寺，为慧海上人刻写诗句："功业要刊燕石上，归休终作赤松游。殷勤寄语东林老，莲社从今着力修。"

万物无情也有情，被佛性附体的"庐山三万峰"，还有那香炉之上的云淡星移，不也是清净本身吗？岳珂瞬间悟出了禅机，"醉中往往爱逃禅"，他后悔为了满足舌腹之欲，吃了那么多的活鲜，喝了那么多不干净的酒，他将这种忏悔的心境，表露在了写给道士杨休文的信中，"我亦近为猿鹤侣，试从香火结前缘"。

诚然，岳珂出身名门，从小受到良好的教养，出仕后，门客络绎不绝，交游圈中不乏风雅名士。闲居庐山期间，仍与官员、墨客、僧侣、术士酬唱频繁。所谓隐逸，无非是文人附庸风雅撑面子罢了。而当面对心系仕途的矛盾时，又显得不知所措。可见在被贬的五年里，岳珂并没有完全走进禅理，也没有彻底弃绝繁华绮绣的物质世界，他坦言自己仍有一颗炯炯不灭的"葵日丹心"，期待着有朝一日走出庐山，继续效忠大宋皇室。

理宗嘉熙二年（1238年），岳珂的冤屈终于得以昭雪，他被再次起用，任广部侍郎、湖广总领，掌管诸军钱粮并参与军政，两年后，被任户部尚书，可谓位高权重，只可惜他终因"征敛兵财"被弹劾落职，官宦生涯就此谢幕。

倘若这是一场精心编排的戏，我们坐进戏中回想一下：

就在中世纪的末期，江南某个春和景明的下午，意气风发的岳珂先生，与他的同僚小聚嘉兴，略饮于春波堂，透过窗棂镂空的刻花，目光投向行色匆匆的市肆百姓，恐怕连他自己也没有想到，当年隐于庐山烟火日夜悟出的禅机，竟然成为一记反讽。

万事瓦裂，无一足取。人啊，终究逃不离一地虚空。

那个游乐宴欢致良知的王阳明

公元 1472 年，王阳明出生于浙江余姚，父亲王华是状元，再往上追溯，爷爷、曾祖父、高祖、世祖，个个优雅顶流，更要命的是祖传基因，使得他们的颜值一代比一代爆，王氏美男军团，亮闪闪着五百多年前的天花板。

根据基因画像，成年后的王阳明应该是细目美髯，一生戎马烟尘，却又铁笔丹心，明代一哥，名副其实也。

王阳明是大哲学家，悟道心学，解决人的世界观问题，一直到现在，人们对他的研究热情不减，然而对其饮食观鲜有关注，就像人们没觉得他是个诗人，也没认为他是个吃货。

通读王阳明的作品后，我认为一哥的饮食观，遵循"一食一思"的原则，认为食物是致良知的媒介。换一种说法是，食物不是让你的舌尖打激灵，而是通过吃的实践，内心达到一种妥帖，一种人生的慰藉。

王阳明在一首诗中表达了他的饮食观：

饥来吃饭倦来眠，只此修元元更元。说与世人浑不解，却于身外觅神仙。（陈继儒《养生肤语》引用）

人嘛，活着于一粥一饭间，讲求个落到实处，饿了就吃，困了就睡，醒来该干嘛干嘛去，无心而为，自然行事，化大道为简，方能抵达修身圣境。

王阳明告诉那些饮食男女们，要好好吃饭乖乖睡觉，不要像那些故弄玄虚的道士，动不动搞"辟谷术"和"养气法"。对此，比他小86岁的陈继儒非常认同，他说："一切人，吃饭时不肯吃百种，需索睡时不肯睡，千般计较，眠食不得自如，岂得长生邪？"

想想，也是啊，连吃饭睡觉问题都解决不了，还谈什么奋斗人生，更别提诗与远方了。

在经历了青年时代的奔波，科举的洗练，亲历了官场百态世相后，1502年，王阳明短暂休整后，开始了他的游历和探索。他要深入山水，寻求跨入圣境的秘籍，通过茶饮酒食，铺展他的江湖人生。

这一年，他正担任刑部云南清吏司主事。整天跟那些司法卷宗打交道，加之肺病不断侵袭，心情非常糟糕，于是他决定向大明天子朱祐樘写信，告诉他要到湖南、湖北以及绍兴老家等地游历，体验山居生活。

这年秋天，他来到了一座山里，夜间沿着溪水散步，月色映照在松柏上，阵阵山风吹来，他感到脖颈发凉。下雨了。正当他不知所措时，忽然"山翁隔水语，酒熟呼我尝"，一位老翁隔岸唤他，说酒热好了，小老弟过来尝尝，暖暖身子吧。

一听有好酒，王阳明三步并做两步，撩起裤脚踩着溪水奔去，主人笑盈盈地迎他进门，献上新鲜的水果，摆上了丰盛大餐，并奉上自酿的野酒，"露华明橘柚，摘献冰盘香。洗盏对酬酢，浩歌入苍茫"。两人洗净杯盏对酒当歌，此时此刻，置身于山水，忘情于苍茫，传说中的治愈生活就此低碳开启，王阳明有点恍惚……

不久，阳明先生登上九华山，结识了化成寺的实庵和尚，写下了《化成寺六首》。"茶分龙井水，饭带石田砂。"实庵一看来者才30岁出头，风骨不凡，想必一定是高人，遂用寺外的龙井水冲泡九华佛茶。他说，这些茶都是自己亲自种，亲手采摘、烘焙，每一个环节刻意求工。

王阳明轻呷了一口黄绿清亮的茶汤，顿觉沁人心脾，竖起大拇指冲和尚连连点赞，他说佛门珍宝，果然名不虚传啊。

其实王阳明更喜欢听实庵讲那些藉茶清修的山居故事。一来二去，俩人相见恨晚，不知不觉，茶过三巡，日头西落，倦鸟归巢。

实庵提议让王阳明住上一宿，说来一趟不容易，就尝尝他做的黄粒稻饭吧，看看山里的星星，赏赏云卷云舒，体验一下仙家生活。这也遂了王阳明的愿。

不料当晚幸运之神降临，先生睡在实庵的僧屋里，透过纸窗，看到了神光，"金骨藏灵塔，神光照远峰。微茫竟何是，老衲话遗踪"。他急忙披衣奔出，望着对面黑魆魆的山峰，仿佛九华菩萨金乔觉向众山灵讲授佛道……

几年后，王阳明迎来了一生中最苦的时刻。

1506年，得罪了宦官刘瑾，先生被贬发派贵州龙场。

第二年春天，先生赴龙场途中，刑部老同事，时任浙江按察司金事的好友杭淮为他送行，"送子远行役，踟蹰伤我心"。杭淮极度伤心，遂写下《送王阳明谪官龙场驿》表达心情，王阳明也回敬了《八咏》《南游三首》。

那一刻，二人交好的往事浮上心头：他们一起进京赶考，同年考取进士，一起主持案子……杭淮记得有一年八月十六日，他在王阳明家做客，月色升空，酒食芬芳，二人谈诗论赋，并乘兴引吭高歌，起舞弄清影，好不自在，没想到如今阳明兄惨遭奸人陷害，落得如此下场，可恨啊。

与杭淮道别后，王阳明一路南下，于1508年3月到达龙场。

来到这里，发现环境比想象中的更恶劣，真可谓"蛇虺魍魉，蛊毒瘴疠"。

王阳明穷得连饭都没得吃，怎么办？总不能坐以待毙吧！这年冬天，他写下了《谪居粮绝请学于农将田南山咏言寄怀》一诗，描述了自耕自种自食其力的荒居生活：

> 谪居履在陈，从者有愠见。
> 山荒聊可田，钱镈还易办。
> 夷俗多火耕，仿习亦颇便。
> 及兹春未深，数亩犹足佃。
> 岂徒实口腹，且以理荒宴。
> 遗穗及乌雀，贫寡发余羡。
> 出耒在明晨，山寒易霜霰。

初到龙场，当地刀耕火种尚未开化，加上人生地不熟，语言也不通，一肚子的委屈不知道该向谁说。

可还是活下去要紧啊，王阳明只得找一些荒废的山地，自行制作农具，开拓打理田园生活。

"营炊就岩窦，放榻依石垒。"先生在岩洞里生火做饭，在石板上睡觉休憩，灶台和床，都是自然天成。

"畦蔬稍溉锄，花药颇杂莳。"先生像陶渊明那样，种上蔬菜和喜欢的花药，辛勤劳作，收获希望。

"起来步闲谣，晚酌檐下设。"生命苦闷无味，好在有酒，先生夜夜对着石壁上的人影，抱着酒瓮自酌自饮，他说，"酒向山中味转佳"，山中的日子虽苦，可山中的酒浓缩了花草菁华，就是香啊……

就这样，过去一向羡慕的山野生活终于来临，只是，哪能比得上人家实庵和尚的仙家生活呢？

龙岗，一个命名无比神气，却是个鸟不拉屎的地方，幻灭延绵着幻灭，无尽的幻灭将眼前这位大明铁汉狠狠击倒，令他屈服于柴米油盐，令他放下架子，摊开那双灵魂震颤的双手，劈柴、挑水、采蕨、煮饭，创造属于自己的"张大民式"的幸福生活。

"何日扁舟还旧隐，一蓑江上把鱼叉"，阳明先生梦想自己过上渔翁一般的闲散生活，憧憬着亲自耕种的地，来年大获丰收。他还盘算着，届时请贫困的山民吃饭，给他们施舍一些香米，让良知在困顿中获得自由。不仅如此，他还要给山雀留一些口粮，让世间生灵，感恩这伟大的劳作……

一开始，当地人对王阳明敬而远之，时间久了，这些人被他博爱众生的精神所教化，主动协助这位有良知的落难人，砍树伐木，建造"龙岗书院"。

当地官员也闻讯赶来，谒见这位从中央下放来的高官，贵州彝族土官安宣慰派人给王阳明送来了米、肉、马匹和钱物，并安排了仆从，却都被王阳明婉言谢绝：哥缺的不是这些，哥需要安静悟道。

1513年，王阳明四十二岁，摆脱了龙场困境，重出江湖，任南京太仆寺少卿，从事中央马政业务。

其实这是个闲职，如此一来，王阳明便拥有大把时间，骑上他心爱的大马奔赴滁州附近的山里，与粉丝们会面，并通过"海选"，将部分可塑性强的"铁杆粉"转化成心学弟子。

王阳明讲学有一套自己的办法，他不设集体课堂，不把大伙圈在一间屋子里，而是天作幕地作席，带领数百弟子浩浩荡荡遨游琅琊山。他们浮云野思，一路高歌，抑或围着美丽的瀼泉，即兴参悟，现场有什么问题及时向先生请正。

就这样，王阳明借山水酒食阐发"良知"思想，并且自掏腰包，像欧阳修那样，设下"太守宴"，犒劳众生。

山谷里经常歌舞升平，响彻着心学学院动人的校歌。

王阳明也就此写下了诸如"狂歌莫笑酒杯增，异境人间得未曾"这样的诗句。

知道的，认为他们在开展户外游学，不知道的，以为这帮人在搞传销大会。朝廷里的顶头上司也是睁一只眼闭一只眼，因为他们听说心学有大用。

果然，王阳明的心学很快运用到了实战中：江西反贼叛乱，王阳明采用"攻心"术，率军擒获了宁王朱宸濠，围剿了农民起义领袖池仲容。

　　1519年10月2日，为了表彰王阳明的功劳，嘉靖皇帝朱厚熜为他授爵，升任南京兵部尚书，并准他回余姚探亲休养，又派人送去羊酒，以及金银珠玉、锦绣文绮等。

　　王阳明回乡途中，又一次来到九华山，受到山僧远迎。此山僧先生没有交代，有可能就是实庵和尚。

　　与七年前相比，阳明先生已经功成名就，他的英雄事迹自然也顺着九华山的风，传到了实庵的耳朵里。老僧自然开心，好酒好茶好肉款待这位老朋友。王阳明喝得大醉，提笔写下了《归途有僧自望华亭来迎且请诗》：

　　　　方自华峰下，何劳更望华。山僧援故事，要我到渠家。
　　　　自谓游已至，那知望转佳。正如酣醉后，醒酒却须茶。

　　来到老家的这一天，刚好是父亲王华的生日，儿子平叛了贼乱，又当上了大官，老爷子高兴啊，"于是会其乡党亲友，置酒燕乐者月余"。天天请乡民们吃大餐，分享他们的欢乐。在这期间，王阳明"日与宗族亲友宴游，随地指示良知"，在游乐宴欢中随地指示良知，发扬当年的琅琊游学精神。

　　回到儿时熟悉的龙泉山下，王阳明经常携弟子在天泉桥水旁品酒吟诗、研究心学。

1525 年中秋的晚上，一个值得勒石铭记的时刻，五十三岁的王阳明在碧霞池上再次宴请百余门人。

还是那样的教学风格，在杯酒中指示良知。待酒过三巡，门歌渐动。

娱乐节目开始，有人投壶聚算，有人击鼓，有人泛舟。先生诗兴在醑冽的月色下发酵，挥毫泼墨，写下了"铿然舍瑟春风里，点也虽狂得我情"之句，瞧，一个"狂"字，多少豪情掠浮云啊！

在这期间，王阳明拜访了他的恩师许半圭先生。到来这天，许先生正与老伴磨麦，见弟子衣锦还乡却态度很冷漠，让阳明在磨前站着，等他磨完麦再说。老师这么指示，王阳明自然是不敢乱动。直到先生磨完麦，阳明上前肃拜，先生回礼，然后亲自去打水，呼老伴做一笼新鲜的麦饼出来让阳明尝尝。

王阳明还赴钱塘拜会了比他大一岁的诗人方太古，这次有趣的会面被谈迁录进了《枣林杂俎》："王阳明先生过钱塘，山人兰溪方太古享之脱粟野簌，明日阳明报如山人。方曰：'野人为野人固当，公彻侯而野具，得毋非情耶？'阳明为笑谢。"

虽说当时的王阳明名气很大，但方太古却并没有因此而"兴师动武"，只是以粗茶淡饭招待他。

第二天王阳明回请，以为方同学吃素，也同样筹备了一桌蔬菜，方太古进门一看，桌上竟然没半点肉食，于是责怪道："我是个粗人，以粗食待客是本分，可你是有身份的有功之人，为什么也用这样的饭来招待我呢？不合情理吧？"王阳明一听直接懵了，连说对不起，立刻招呼人上最好的羊肉和美酒。

1526年"双十二"这天，五十五岁的阳明先生老来得子，大儿子王正亿诞生。

按照越人习俗，孩子出生三天后，王阳明召开了汤饼会，宴请乡民吃汤饼。一时间，登门庆贺的"老铁们"络绎不绝。

这件事王阳明专门在一首诗中记录了，"洗儿惠比金钱贵，烂目光呈奎井祥""偶逢灯事开汤饼，庭树春风转岁阳""不辞岁岁临汤饼，还见吾家第几郎？"

年过半百的"老王头"喜乐溢于纸表，这些句子至今读来令人倍感亲切诚恳。

遗憾的是，孩子未满周岁，昏庸无道的"朱老大"又派王阳明带病出任两广巡抚。不料这段经历成为先生一生绝唱。

三年后，王阳明因"咳痢之疾"，最终客死在告病还乡的船上。一代圣贤就此谢幕，先生的形象定格在大明王朝日渐坍塌的天空中。

然而五百年后的今天，重读王阳明，我们是否从他那游乐宴欢的生活中，看到了一张不一样的面孔呢，是否也感知到一些别样的良知呢？

江南怪厨吴孺子风雅小考

浙江兰溪是一个县级市，历史上却出过好多文学大家，李渔、张志和，还有明代文坛"后七子"领袖王世贞，个个如雷贯耳，当然也有好多在当时极有影响力，只是由于种种原因，并不被后人所熟知的人，比如吴孺子。

吴孺子是一个什么样的人呢？明代道士，字少君，号破瓢道人、嬾和尚、玄铁、元铁道人、赤松山道士。他的同代诗人何白在《汲古堂集》为他立了个小传，称此人性格孤高吊奇、性格独癖、贪恋山水、喜欢收藏，一度浪游吴越山水。据说他每到一个地方，一定是先就近选个僧庐道院去歇脚，而且对环境的要求很苛刻，要幽要寂，要有长松流泉，要有修竹绿蕉，竹子要密要挺。只有这样，他方可解下行囊，然后将寝室里里外外清扫一遍，点上沉水香，把自个熏得酥酥的。那个年代，用得起沉水香的人，断非常人。

老婆死得早，吴孺子变卖家产后，把银子用来捣鼓古玩。黑市白市走到底，不论走到哪里，总会随身携带一些宝贝。不过他有一个雷打不动的规矩，每年春秋季，给自己的心灵放个假，择个风和景明的日子，带上一仆人，裹上约十日的口粮、茶具，背上行装，拄着一根罗汉竹杖游大好河山去了。

三月三日是吴先生出生的日子，所以他的生日总是在荒郊野岭度过。生日这天，他采摘点野菜甘菊苗，只将花头掐下，清洗干净，用随身带的茶具"蒸煮啖之"。为什么要吃菊？明人高濂《遵生八笺》中记载的三十八种粥中，就有菊苗粥，也就是现在南京人口中的"菊花脑"。陶弘景在《本草经集注》中称"以菊为妙用，但难多得，宜常服之尔"。仙经上也是这么说的。作为修道之人，就信这种成仙的饮食之法吧，以不作践自己为底线。据说这样吃"大补，成好"。相传有人看到吴孺子吃了菊白头后，坐在一石台上，乘上紫云，升向青天……

当然这就胡说了。吴孺子毕竟只是一介走肉之徒。

"远望奇峰邃壑即贾勇如猿狖"，只要进了山，吴孺子便会使出浑身解数。他身手相当敏捷，就差上天揽月下海捉鳖，时常迷醉于山水而忘却疲病不愿离开，好顽皮。有一次他游天台山，越岭数重，探入奇麓，屡犯虎豹，也在所不惜。他花钱请了一个樵夫采万岁藤及一些枯树杈、木柴块、树根疙瘩之类的，别人笑他痴，他却如获珍宝。

吴孺子还是个心灵手巧的匠人，这些从野外淘来的"宝"，在他手里都会打磨成精品，比如用绿萼枝条做一把杖，名"紫玉杖"，用树根疙瘩做一只炉，为"木瘿炉"，用屈曲的树木制成的矮小桌子，美其名曰"曲木几"，等等。

他自己还做了一只光莹可鉴的铜灶，"日费炭廛十斤许"，这还是一只节能灶呢，烧的应该是焦炭。焦炭起于南宋末年，明朝已经在江南一带相当流行了。这个铜灶主要用来熬粥。吴先生每天早起焚香，洗漱，然后披上白布方袍，品茶、煨粥、赏鼎、玩古书及名画。有时候兴趣来了，捉笔自题几句，或吟诵一番陶渊明和韦应物的诗。

吴孺子是个嗜兰如命的人，他的屋子里一定少不了兰花，清人《广群芳谱》载，"吴孺子，藏兰百本，静开一室，良适幽情"。开卷释卷，清雅独享。他担心香气会跑出去，于是闭室不开，有人找上门来，他"捉鼻作见女声拒之"。扮演女声拒客，好你个破瓢道人。

同代文人、写《小窗幽记》的风雅青年陈继儒说过，香令人幽，茶令人爽，竹令人冷，杖令人轻，水令人空……古代士子寄情于山水，把玩于物品，雅趣也好，丧志也罢，总之他们自品自知自甘自苦。

遗憾的是，古代士人高洁风骨，在一些人看来是洁癖，明朝的沈德符就是一个八卦手，他在《万历野获编·士人·金华二名士》中说吴孺子"孤介有洁癖"，"炊饭择好米，自视火候"。吴先生还自制了檀香米：将米装到铜器中，再埋入粮堆待色泽微黄时拿出来吃，据说味美易消化。刻意追求米霉味，这难道也是一种高级雅？世人恐怕难以理解。如果可以申辩，吴孺子一定会像骆宾王那样大呼一声，"无人信高洁，谁为表予心"，人家不就吃个大米么？

吴孺子爱干净似乎是出了名的，明代大学士钱谦益在《列朝诗集》中称其"好洁不畏寒，遇泉水清冷，虽盛冬便解衣赴濯"。三九寒天，也要跳进冰冷的泉水里洗澡！可是，你跳进去爽了，那泉水别人还怎么喝啊。倘若那个时候有直播，皇上看到了一定会说，"达人，快到宫里来"。然后叫去"打屁屁"。

吴孺子真是有洁癖吗？看陈继儒在《笔记》中是怎么说的，"吴孺子状如老猿，有木瘿炉及曲木几，光净如蜡"。这一点与何白的描述不谋而合。接着看，"所至焚香扫地而坐，以诸物自随。瓶中花枝狼藉，则以散衾绸间卧之"。一个有洁癖的人，不应该是"扫地而坐"啊，"诸物自随"也暴露了吴先生懒散的习性。爱兰如命的他，不应该"花枝狼藉"，睡觉更不应该扯过床单就滚，活脱脱的"懒和尚"嘛。

在吴孺子生活习惯的描写上，陈继儒与何白有出入，除非陈继儒故意"黑"他？我想，作为一代名儒，陈继儒恐怕只是打趣而已，再说，黑了这个破和尚，对他也没好处，因为他手里攥着吴先生的画等着出售呢。

据《明语林》记载，吴孺子家住兰溪城东，"有腴田尽易硗瘦，凿沟引山泉，绕入玉雪厨铜池，以此破其家"。清代文人龚炜也在《巢林笔谈》中谈到金华吴少君，"尝炼白垩为灶，名'玉雪厨'"。意思是说，他曾炼白垩石灰砌灶台，引山野村水至自家厨房水池，自名"玉雪厨"。虽说吴先生住在城东吧，估计也是在远离城市的村郊，用水不便，满足不了他煮饭烹茶时追逐风雅的需求，所以"凿沟引山泉"就不难理解了。这案例要搁现在，一定会被那些生活美学倡导者盯上，拍成短视频上传到网上，题目为《一怪叟野郊求生存，徒手暴改玉雪厨》。

正因习性怪癖，饮食奇端，再加上暴改灶台，吴孺子被人称为厨房怪咖，不知道他做的饭好不好吃，若论修养，倒是颇有高士风度。

古人获取雅趣有两种手段：一是接近自然，从大自然中接受心灵的渲染，比如倪思、陈继儒这帮人；二是从生活中获取，通过人设庭园、园林获得近似自然的兴味。在这两种方式上，吴孺子与弇山园的主人王世贞相比，那就是小巫见大巫了。

弇山园位于太仓旧城西北角的耕野之地。这里是明代南京刑部尚书、文学家王世贞的家园，初称"小祇园"。

王世贞可是有背景的人，祖上是官宦人家，父亲王忬乃嘉靖二十年进士，不幸在一场政治斗争中被严嵩父子所冤杀。父亲死后，王世贞为避水灾和盗贼就把家迁到了太仓城内，选了一块僻静之地建弇山园，实现城市中隐居山林的梦想。"结庐在人境，而无车马喧"，在弇山园的修建过程中，王世贞格外关注园区内外景致与文人秉性的关系。

园子建成后，王世贞在这里经营他的桃花源式的生活，弇山园也成为江南文人士子交游的重要场所。明代何乔远诗言："客来铜陵世贞者，世贞皆款之弇园中"，可见作为明代后七子领袖、文坛领袖的王世贞，地位相当显赫，凡被他待见或受他只言片语点拨过的人，其声名鹊起。所以好多文人都渴望拜他的码头，混他的圈子。倘若又能在弇山园蹭上一口茶，那就是一件光宗耀祖的事。

有一年，吴孺子"手制一瓢精绝，过荆溪为盗击破，大哭"。这里的荆溪指江苏南部流经宜兴通往太湖的一条河。怎么回事？原来吴孺子行船经过太湖时，悉心打制的爱瓢装在一只布袋里，半夜被小偷发现，以为什么宝物，打开一看是只不值钱的瓢，一气之下用刀靶将瓢撞破，"少君抗声大哭，一船皆贼交窃骂为老狂奴"。

吴孺子是坐船去王世贞家赴约的路上遭遇劫匪的。到了弇山园，他向文坛老大哥王世贞一通诉苦，说失去心爱的宝贝，令他痛不欲生，"抱而泣累日"，连续几日不吃不喝。看到此状，王世贞又气又好笑，于是提笔作《吴孺子游人间仅一瓢后破书此慰之》一首，赠破瓢先生："吴郎手携长生瓢，自云巢许同消摇。偶然洗颖瓢破碎，赤手向余不得骄。男儿有身差足慰，况乃生无向平累。揖予竟作汝南游，别有壶中贮天地。"从这首诗中，可以读出几点信息：吴孺子无儿无女（中年丧妻），孤寡一人，而且的确是受邀南游与王世贞会面的。

王世贞，这位爱猎香艳奇异故事的大文豪，不仅自己写诗安慰吴先生，还鼓动其他在场的士大夫、山人、骚人墨客、和尚、词客们为这位可爱的道士献诗。读《吴少君传》，隐隐约约能感觉到诗人何白也在现场。这样的场合，也应该少不了爱出风头的陈继儒，他在《笔记》中记录了与王世贞在弇山园登缥纱楼喝醉一事，看来他也是王园长的常客。

关于吴孺子破瓢的事，一直被后人所津津乐道，尤其清人，一提起吴孺子就满嘴淌沫子，比如清代戏曲家徐沁在《明画录》称其"尝市一大瓢摩挲发光过荆溪为盗所碎"，史学家姚之骃在《元明事类钞》也有类似记录，"孺子常以数缣市一大瓢朝夕摩挲陆离光怪，荆溪盗发其箧怒而碎之，抱而泣者累日"。《寄园寄所寄》中所叙哭瓢之事，也大体相同。

真可谓一哭破千古啊。在常人看来，不就一个破葫芦么，可为什么惹得吴孺子如此动情？我想，主要原因在于他孤苦一人，长年以瓢为伴，瓢就成了他的好朋友，好亲人。另外，他在生活上并不宽裕，此瓢是他用好几匹绢布换来的，常年把玩，已经积了一层黑黑的包浆，据说放在暗室里还能发光，可见倾注了多少心血，谁人能知个中辛酸呢！

吴孺子去了趟弇山园，一哭一闹，王世贞的亲笔赠诗拿到了，名也扬出去了，但他也彻底病倒了。于是他回到那间兰溪城东的屋子里，天天躺在床上吟诗，"日暮归鸦遍，乡心可奈何。病随新月长，愁比落花多"。见其孤寡一人，王世贞不忍，嗔怪道，瞧你那个样儿，好啦好啦，先搬到我的小祇园休养几日吧。这下把孺子先生给乐坏了，提笔写就一首《病起移居王元美小祇园》："宿愁未许抛衾枕，抱病移居江上村。忙里提携知药饵，闲来点检失琴尊。南檐爱月先安榻，北牖嫌风即闭轩。且是主人能好客，黄鱼白饭早过门。"

晚年的吴孺子隐于金华府北二十五里的鹿田山上，居僧寺，直到隆庆末年去世。

《汲古堂集》载"婺州卖药人云少君往岁年八十以长至后死鹿田山中"。想想，也算是寿终正寝了，只是从此世间少了一个烹茶焚香的趣味者。

冯梦祯的晚明生活

——《快雪堂日记》一瞥

一

1587 年，也就是万历十五年。

明代著名诗人、鉴藏家冯梦祯已经声名累累，那时候没有电视，没有抖音，大把的时光无以挥霍，只有泛舟西湖，享受人间清娱。

对于冯先生来说，一个人刚好，三五人结伴也别有意味。那些江南文人隐士，总是冷不丁从哪儿冒出来，钻到冯先生的船上蹭饭食，茶笋、莼鲈、秋酒、书画，还有小迷妹颂婉歌，冯先生表示，各位，别来无恙啊，一样一样来品享，人人有份。

是的，人们钦羡冯梦祯身上那股独有的豪横气，和从骨子里散发出来的孤寂之美，就连陈继儒这样恃才傲物的大才子，也被深深吸引，忍不住从东佘山跑出来与他会面。

没错，1587 年，注定是不平凡的一年。

这一年，性子耿直的冯梦祯在新的党争中得罪了上司，被贬回归故里，定居杭城孤山之麓，那一年他才刚刚四十岁。

四十岁啊，对于一个男人，人生最需要怒放的年龄，却被迫选择了枯寂。

回到家乡，冯先生突然想起西晋文学家张翰的一句话来："人生贵得适意尔，何能羁宦数千里以要名爵！"

是啊，人不能被世俗框死，何不寄情于乡野，做一个江湖散人何尝不好？

人生遭遇变故，使得他的心灵更加神往于佛界净土，于是他开始迷上了佛教。

也正是这一年，冯梦祯游览了天目山后写下了《西天目记略》，他不是游山玩水，而是接受云栖袾宏大师的教诲。

从天目山归来后，他开始撰写日记，也就是《快雪堂日记》。

明代晚期，江南社会饮茶之风盛行，人文隐士常常将深究茶学作为极品雅事来做。

写什么呢，先从煮茶品茗写起吧。

恰是一年梅雨季。这天，冯梦祯隔着苔藓斑斑的窗棂，将目光投向瓦楞上的雨帘，突然想起苏东坡《论雨井水》一文："时雨降，多置器广庭中，所得甘滑不可名，以泼茶煮药，皆美而有益。"

他心想，这雨水煮茶，大概就是东坡的专利了，何不效仿一番？

五月初四这一天，雨在下。

冯梦祯呼叫书童将家中瓮器搬出，置于檐下贮水，然后拿出了刚刚从天目山采摘来的鲜茶，亲自点上一炉。

他若有所思，却又无所事事地铺开了纸卷，提起笔，写下了："畜器贮梅水，始用梅水点试天目山茶，季象茶癖于此一畅。夏至后逢壬立梅，今日壬辰日也。"

茶水咕噜咕噜沸腾着，空气中瞬间弥漫着花草的氤氲之气。

挽起袖子，端起一杯细细品之，瞬间心旷神怡，冯先生不由大呼：甘腻胜过甘泉啊，能喝上如此"梅水之茶"真可谓无悔此生也。

历史上，关注梅水茶的文人多不胜举，比如曹雪芹在《红楼梦》中就写到了"旧年蠲的雨水"，这种水过滤后可以点茶用。清代文人徐士鋐也有这样的烹茶经验："瓷瓮竞装天雨水，烹茶时候客初来。"

当然，关于梅水，也有另一种说法，认为冬天雪片落在梅花上，化水采集后放在陶罐里，到了第二年夏至后揭盖开封，用来煮茶，胜过世界上任何一款"圣水"，颇为珍贵。冯梦祯知不知道这也是一种梅水，他在日记里没有写，我们就不得而知了。

在杭城，每年梅熟时节，人们以杨梅作礼，互道平安，颇为盛行。过去在外做官，每到这个时候冯梦祯就会想起家乡的杨梅来，好在今年就在家乡，想吃，伸手便来，这就是无官一身轻的大益之处。

这不，1587年5月27日这一天，史裕庵白云老人来访，进门见手里拎了一篮子杨梅，冯先生连忙迎上去寒暄，闲谈之际，得知此杨梅非会稽产，而是采自大雄山。

送走白云老人，冯梦祯在当天的日记里写道："史裕庵见访，食大雄山杨梅，紫而且大，在诸山之上。"

诚然，浙江是盛产杨梅的地方，要说到底哪儿的杨梅好吃，公说婆说各有理，直到王象晋这个人出现，说"杨梅，会稽产者为天下冠"，一句话封了神，谁还敢吭声。

那么，明明知道王象晋力捧会稽杨梅，冯梦祯却偏偏说大雄山杨梅在诸山之上？他给出的理由只有四个字："紫而且大。"

那么冯先生所言的大雄山在哪里？余杭良渚西部有一座山，叫大雄山，属天目山余脉地带。应该是这座山。

转眼到了这一年的中秋时节。江南人拜月、饮酒、品蟹一样也不能少。

八月十四日这一天，冯梦祯请几位友人西湖小坐，"约盛叔永、姚善长、叶鹿吴，期泛月湖中""坐桥上食，顷而曙"，几人荡着小船，在湖上赏月，继而又上岸来，桥头会食，彻夜促膝长谈，转眼天就亮了。

第二天，来不及补觉，冯先生匆匆忙忙吃了一碗剩粥，就进城会徐茂吴了，直到傍晚才出来。当天，他在日记中写道："馀粥而别入城，晤徐茂吴于金公宅，约薄莫出。"

冯梦祯找徐茂吴干什么？我们不得而知，猜测，可能是请教品茶之事。

徐茂吴在宜春担任过司理一职，相当于现在的法官，此人也是江南有名的儒士，尤其精通鉴别茶的真伪，提出过"实茶大瓮底，置箬瓮口，封闭倒放，则过夏不黄，以其气不外泄也"的观点。

因此，每次外出买茶，冯梦祯要拉上徐茂吴心里才踏实。

有一次二人去老龙井，茂吴点试了数十家山民的茶，结果全是假货，他说，"真者甘而不冽，稍冽便为诸山赝品"。就凭这一点，连大名鼎鼎的钱谦益、汤显祖、胡应麟也敬他三分，经常在诗词里襃扬他。

茶有道，水亦有道，古人为追求上善的茶品，对水的一贯认知高于一切，有时候为了找到好的水源，不辞辛劳，寻山，访水，探泉源，颇有裨益。

八月二十九日，一场大雨过后，冯梦祯约乐子晋居士一同西行，进山探水源，随后返回寺院，赏玩桂香，与友人品茶，夜里看星星。

转眼到了这年的最后一天，冯梦祯忙得要命，他谢绝了一切应酬，率妻儿烧松棚，祭拜先祖，然后大摆筵席，当天，他在日记里这样写道："今年岁事，赖妇能料理，贫而不困西北风。"颇有几分自嘲的味道。

这一年戚继光去世，海瑞去世，大哲学家、思想家李贽在狱中去世，孤山之麓的冯梦祯寄情于山水，他的余生才刚刚开始。

二

1589年，利玛窦来中国已经七年了。冯梦祯在其日记中也多次提到这位黄毛绿眼的传教士。

晚明帝国，正值中西文明对抗，但这却一点也影响不到江南人的生活。

江南文士们正埋头忙于筑别墅，耕渔轩，造景植梅，整个社会上刮起一股探梅、咏梅之风，凡是有点识字的，都梦想着过上

"花间一壶酒"的闲居生活。

这不，又是一年正月十八日，赏梅酌酒的日子来了。

一大早，冯梦祯带上两个儿子，坐船到何氏园观梅，数十株梅，虽说阵容不大，但也个个身杆遒劲，一看是有年头的古树，老树盘根花竞发，暗香冷艳，就凭这一点，应当为西山第一。

老冯激动，哪顾得什么杭城文坛领袖的尊严，连忙挽起长袖钻入梅丛，铺上毛毡，呼儿拿酒，痛饮数杯。

随后又趁着酒兴，携壶泛舟，流连于西泠桥畔。

过了三天，著名学者、南京刑部主事苏君禹在湖上设宴请客。可惜冯梦祯分身无术，只好推了。

他本来约好要与同科好友马心易游紫云洞的，可一想紫云洞去过多次了，没啥意思，于是临时起意溜号，又去了何园看梅。

两人在梅下坐酌良久，聊人生，聊理想，或吟诗作赋，或倾诉官场上的得与失，或一起分享好友汤显祖的新剧。

随后他们又辗转到栖霞岭南麓拜访岳飞墓。

中途经过六桥时，看见桃花茂密，忍不住钻入最繁处小酌两杯，然后到达四桥，于龙王堂休憩片刻。

二月初二，是江南人吃油煎年糕的日子。

这一天，冯梦祯在日记中提到了蓬糕，并讲解了这种小吃的食材选用，烹饪技巧，以及食用方法："杭俗以是日粉米为糕，著蓬叶其上，滴糖而噉之，谓之'蓬糕'"。

蓬糕是一种古老的面点。早在宋代林洪《山家清供》一书中就有记载：采白蓬嫩者熟煮，去皮取芯切碎，和以米粉加白糖蒸熟，以蓬糕蒸出香味为限。世之贵介子弟，但知鹿茸、钟乳为重，而不知食此实大有补益。《山家清供》中讲述的烹饪方式与冯先生说法有细微差异，但总归在粉米、白莲等食材和添加白糖的吃法上几近相似。

二月初八，冯梦祯与许次纾、项庭坚到湖上吃船宴，后又在桃花下喝上了，相谈甚欢。

他们是喝酒还是茶？冯先生在日记中没有交代，我推断应该是茶。许次纾在当时是非常著名的茶学者，与他一起喝酒当然是浪费了。而且依清代厉鹗的说法，许次纾虽跛而能文，好蓄奇石，好品泉，又好客，但这人"性不善饮"，说的肯定是不能饮酒，估计一喝就倒。

项庭坚是项笃寿长子，项元汴侄子。为什么冯梦祯能与项庭坚在一起交游，他们之间的交际应该是因了倒卖古董。项家在江南是赫赫有名的大户，不论是政界、商界，还是书画收藏界，都有很大的势力影响。和项庭坚处好朋友关系，对于冯梦祯来说，可以第一时间了解行情，获取一些最新信息，以便作出或抛或收的决定。

又过了三四日，冯梦祯与蔡宪使、苏学使赴西湖饮酒，然后步行至四桥看桃花，当场感慨"虽有落花，而红艳未减"，好性情啊。

二月二十四日，商大理请冯梦祯在土城山精舍吃饭，餐后冯先生狂赞饭好茶香，不过令他纳闷的是："越中士大夫肴馔俱粗恶，不堪下箸，商君席品物精美，又出佳茶，甚骇"，意思是说，越中士大夫从不懂吃，饭肴一向粗糙不堪，今儿个商先生怎么如此讲究？问之，原来人家金屋藏娇，吴姬厨艺高超。

那天，从商府出来，冯梦祯连夜赶赴萧山。临走前，还蹭走了吴姬藏的天池茶。"所买天池茶已尽，从商君乞得少许，色味如新，吴姬所藏也。"

三月初四。钱塘文人田艺衡的表兄徐文卿派人送来十斤鹿角肉，三斤蚝肉。这两样都是贵族阶层餐桌上的食材。鹿肉在宋代常出现在宫廷菜谱中，宋代就已经比较流行了。十斤鹿肉怎么吃？有人给冯梦祯支招，拿到西湖畔上烤着吃，吟诗赏梅，不亦乐乎！生蚝怎么吃？可以效仿苏轼，"肉与浆入与酒并煮，食之甚美"。

每年到了三月中旬，冯梦祯几乎每天被约上山采茶。然后又是没完没了地试茶。即使忙乱，却也十分享受。

要么，赶着马车奔赴在取惠山泉水的路上。每次，二十坛水起步，余出来的，当作礼品馈赠给寺里的僧人。在很长一段时间内，惠山泉烹茶，是雅士身份的象征。

冯梦祯是著名的佛教居士，经常与禅师僧友密切交游。

比如六月初四这一天，梅谷大师来，中午"噉茄蔺面"。一碗精洁而又惊艳的素面，足使岁月静美。

梅谷是何人，不得而知，应该是西湖附近某个禅寺的住持，此人自恋又可爱，吃完面向冯梦祯讲他的逸事，说建宁有个铁杆粉丝叶居士，一向很崇拜他，经常给他送来谷米，以及茶叶蔬菜等。

到了七月，西瓜上市了。

初五。四弟送来了八只大西瓜，结果被思奴糟踏了两只，不过味道还好，要比那些从沙田里种出来的甜美多了。初七。来梦得来信，同时还寄来了十只西瓜。

需要说明的是，思奴是冯梦祯养的一只宠物鹤。

梅妻鹤子，正是冯梦祯追求大雅品行之写照。

三

人生不如意事十之八九，冯梦祯两次遭贬，真可谓背运交叉。

不过闲居西湖孤山的他倒是看透了世间，没有公务缠身，常常游山吟水。朱彝尊说他"娱情声伎，筝歌酒宴"，倒很贴切。

有时候经过某个地方，这位江南风雅教主一旦心血来潮，也要随手拉上朋友交游唱和，鉴赏好物，探梅试茶，品评美食。

他有时候钻进西溪深山，扫叶煨肥笋，竹林清味，鲜美无比。有时候约朋友一起吃闽菜，尤其那柔鱼，味如蒲丝，细韧清甜。有时候乘船到石湖，让船夫请他吃新鲜的湖蟹。甚至有时候到苏州洞庭东山晃一圈，花上二两银子，买点蜂蜜回来，因为东山蜜很出名，尤以一款冬花蜜为佳。

1590 年正月十八日，江南的冬春乍暖还寒，天空飘着雨雪。这天，冯梦祯邀请好友包心韦去看梅花。来到西山何园，雪越下越大，落在梅花上，"雪似梅花，梅花似雪。似和不似都奇绝"。

闲来无事，二人随后找来梦得玩。包心韦嚷嚷着要与他推拳，比试几下，梦得输了。来先生是一位道士，身体欠恙，戒酒当中，输了拳也是情理当中。冯梦祯为体恤这位老友，说酒不喝了，你就吃上三个饼子吧，权且"罚当其过"。

正月二十八日，冯梦祯邀请孙如法游览西湖散心。他知道，这位性格耿直的慈溪汉子，因反对朝政被贬谪，心情肯定不爽。这次南下，途经杭州，作为东道主，一定要拜见拜见。不料二人到达岳坟，遇见了田子艺和张宓。都是与流水为伴，与青石为伍的同人，于是他们结伴而行，来到四桥堤看桃花开，率性之下，"籍地饮食"。都是江南响当当的人物，神聊海吹一番后，忘却了生活中的种种愁绪，兴冲冲来到毛氏书院的竹荫之下，吃吃喝喝一整天，最后，性情放诞的田子艺非要拉着大伙去他居处，鉴水品茶。

这田子艺，钱塘人，非等闲之辈，老爹是赫赫有名的田汝成。田子艺高旷磊落，博学能文，尤其在诗酒方面，敢与李太白试比高，精于茶道，著有《煮泉小品》，兼陆羽等历代茶人之长，成就了茶谱经典。

近墨者黑，近朱者赤，在田子艺等茶人的影响下，冯梦祯喝起茶来越来越阔气了，动辄托人从惠山购买泉水。不仅如此，他还效仿比他年长的田子艺，研究制茶之术，撰写了《炒茶并藏法》。

张宓是什么人，已不可考证。他知道冯梦祯在江浙一带很有名望，想着法子套近乎。三月初八这一天，他在市肆上买了二斤鹿肉干，晃荡晃荡地去了孤山别墅，与冯先生见面，相谈甚欢。不出十日，他又提着新上市的龙井茶来到冯府，冯先生喊来于中甫、金不佞，且将新火试新茶，四人又悠闲惬意地消磨了一段时光。

三月二十七日，雨天，微寒。午后，冯梦祯拉开仪式，打算与妻子在家煮龙井茶，有人敲门，一看是茂吴许，张口就说借两坛惠泉水。冯先生心想，茶友之间，借水是常有的事。罢了，给他三坛。反正他自己也经常向别人讨烹茶之水。

四月初五这天，魏典史送来一捆莼菜。一看是太湖的莼菜，冯梦祯立刻让妻子炒肉片给他吃。他喜欢莼菜那种细柔温润的感觉，顺着喉咙滑下去，清清凉凉，风味独特……别看冯梦祯这人名头大，上至显宦闻达，不卑不亢，下到布衣白丁，一视同仁。他常常和基层寂寂无名的小公务员走动，时间长了，便处出了友情，今儿他送捆菜，明儿再送把茶，司空见惯。这魏典史，就是西溪下属掌管缉捕、监狱的无品小官。

十月十一日，冯梦祯去周庄送完殡，回来的时候与七八位友人赏黄菊。忽想起第二天家中断粮，不由愁从中来，万般不如人，于是吟上一句老杜的诗解嘲："失学从儿懒，常贫任妇愁。"怎么说呢，愁归愁吧，可冯先生泛舟饮酒品茶赏花看戏淘书作诗摩挲古董，一样也没少。自从被劾罢官，移家杭州，这年头，断粮的愁时有，能挺过一年算一年吧。

十月二十五日，冯梦祯去马鞍山看地，中途又遇到周梦醒，当年在大明首府上班时有过交际，印象中此人擅长社交。老友相聚格外亲，晚上两人一起住乡下，饭后唤店家搬好酒来。酒家急切切迎上，看其装扮颇像《水浒传》里的小二，"俺家的酒，虽是村酒，却比老酒的滋味"。瞧，连广告语都相似。说的也是，冯梦祯心想，这家村酒都胜过沈德符这小子经常夸口的麻姑瓶酒，也不输于马鞍山当地产的太平采石酒么。那晚，二人酌村酒数杯，叙了叙旧，微醺睡去，第二天各自赶路。

十二月初十，晴，天上的月亮明晃晃，晚色甚佳。冯梦祯与周叔宗、周季华二兄弟，以及许然明乘船到虎丘，寺僧旭上人亲自下厨，烹上一瓮好菜，再备上一壶明前茶，相约到剡溪水畔，梅花楼前吟风弄月，挥霍浮生。

梅花楼是陈继儒朋友范象先建的一座野外别墅，距市区只有十里，选择这里，也算喧闹寂静各半吧。几人不尽兴，后又到周叔宗舟中畅饮，大醉，有人摊开范先生的虎皮坐具，焚烧猊形香炉，倚楼而歌："雪满山中高士卧，月明林下美人来。"有人吟起了李白的诗句："我欲因之梦吴越，一夜飞度镜湖月。湖月照我影，送我至剡溪。"有人却疯疯癫癫地跑到石场看月……

还庐嬉圃弄菜色的真西山

清代才子袁枚于乾隆十四年辞官隐居于南京小仓山随园，从此便过上了真正的"还庐树桑，菜茹有畦"的生活，于一畦萝卜一畦菜中吟物咏史，谈诗论道，好不自在。

袁先生《随园诗话》卷一记录："于耐圃相公，构蔬香阁，种菜数畦，题一联云：今日正宜知此味，当年曾自咬其根。鄂西林相公，亦有菜圃对联云：此味易知，但须绿野秋来种；对他有愧，只恐苍生面色多。两人都用真西山语，而胸襟气象，却迥不侔。"

上述文中提到了三个人物，于耐圃，即清朝乾隆帝时期重臣于敏中，鄂西林则指康乾两朝重臣鄂尔泰。另一位真西山，是这篇文章要讲的主角。

魏晋以来，文人士子则通过山水园林来实现归隐雅致的中国格调，明清江浙一带经济繁荣，文化发达，造园风潮盛极一时，多少有点品位追求的人，手头有点钱怎么也得给自己造个园子，上述提到的三人，包括袁枚都不例外。

有了园子，还得会玩，比如给园子起个名儿，或题写对联什么的，于耐圃和鄂西林分别给各自的园子写了一副对联，袁枚却说，"两人都用真西山语"，说到底都化用了真西山的句子，但二人胸怀天下的气象不同，不能相提并论，更无法与西山相比！那么，真西山到底是什么人呢？于鄂二人何以竞相效仿其金句，就连袁大才子也赞其超卓雄伟，望其肩项。

一

真西山即真德秀，西山为其号。前身是草庵和尚。本姓慎，因避宋孝宗赵昚讳改姓真（昚字古同"慎"）。今福建南平浦城县仙阳镇人。南宋后期著名理学家，与魏了翁齐名，学者称其为"西山先生"。

据《齐东野语》介绍，真西山"幼颖悟绝人，家贫无从得书，往往假之他人。及剿学里儒为举子业。未几登第，终为世儒宗"。小时候西山聪明卓尔，家里穷，买不起书便借阅他人的。1199 年，进士及第，之后便起起落落。先中博学宏词科，理宗时擢礼部侍郎、直学士院到起知泉州、福州。后又入朝为户部尚书，改翰林学士、知制诰等。1234 年时任宰相史弥远病死后，朝廷重启西山，任参知政事，相当于副宰相。不过他的身体每况日下，难有作为，第二年四月罢政，以宫观闲差养病，五月二十八日在家乡莫西山病逝。

真西山最大的成就不在于为官有多大作为，而是作为朱熹的再传弟子，是理学正宗传人，创立了西山真氏学派。《宋史》称："立朝不满十年，于时政多所建言，奏疏不下数十万字。"真德秀在当时声誉很高，天下士子都以一睹其真容为荣。据《八闽通志》载："时真德秀来预讲，四方名士咸会。"真德秀在泉州做官期间，老百姓对他更是热情有加，刘克庄撰诗曰"父老香花夹路催，朱幡那忍更徘徊"，描写的就是当时"追星"的场景。

真西山作官期间，因与史弥远三观不合，被迫落官。我们知道宋朝秦桧是出了名的坏，不过史弥远比秦桧更坏，打着理学的旗号，为其党朋谋取政治利益。真西山自然看不过眼，数次请辞退职后，"安然退归故里著书立说"，暇余之际，也开起了园子，种起了菜。

那么，袁枚所说"两人都用真西山语"，到底用的是真氏哪句话呢？

归隐后的真西山通过嬉圃弄菜，修大道，悟人生。他在《鱼计亭后赋》中曰："玉溪先生结庐章泉之上，垂七十年无轩冕之累，已有箪瓢之乐天，揭鱼计以名亭，绍祖风于圃，田居一日，饮客于斯亭之上，超方羊以自得，顾万象之皆奸时也……"南宋大臣、理学家刘爚有《鱼计亭赋》，真氏后赋涵括了刘句，想必也是继其声续其志。二人师出同门，又共事，刘爚曾向史弥远提出理学治国的建议，得到真西山的积极响应。刘、真又同为赵蕃朋友，在这则《鱼计亭后赋》中，表达了他对赵移居玉山章泉居田嬉圃，享箪瓢、顾万象之乐的钦羡以及个人的生命体验。

真西山还庐守畦期间曾写过论菜的名句："百姓不可一日有此色，士大夫不可一日不知此味。"君子立身，就应该自有剂量，省啬淡泊。后人罗大经受到启发，在《鹤林玉露》中也借题发挥："百姓之有此色，正缘士大夫不知此味。若自一命以至于公卿，皆得咬菜根之人，则当必知其职分矣，百姓何愁无饭吃？"

西山这句话后被多人借鉴发挥，借古抒怀，旨在鼓舞士君子们为改变天下"菜色"而扛鼎担责。除了于耐圃、鄂西林，明代滑浩在《野菜谱》中也借用了真氏句"民间不可一日有此色，士君子不可一日不知此味"。

君子守行，圣人守心，真西山既守行，又守心，但他并非圣人，却是铮铮君子。据《宋元学案》卷八十一西山真氏学案载："先生晚出，独立慨然以斯文自任，讲习而服行之。党禁既开，而正学遂明于天下后世，多其力也。《宋史詹体仁传》言：'郡人真德秀早从其游，尝问居官莅民之法。'体仁曰：'尽心、平心而已，尽心则无愧，平心则无偏。'先生能守而行之。"

农，天下之本，务莫大焉。中国历朝历代以重农固本为治国之要，而农本大事又往往考验着一个官僚人文知识分子的胸怀和格局。宋朝文学家戴复古有诗曰："出郭问农事，家家笑语声。"这是写真西山担任湖南安抚使时躬身田间祷雨视察的情景。当时，西山先生与随行同僚分享了他的为官心得，即"四事劝勉"曰："律己以廉、抚民以仁、存心以公、莅事以勤，而某区区实身率之。是以二年之间，为潭人兴利除害者，粗有可纪。"

陶渊明曾说过，"秉耒欢时务，解颜劝农人"。真西山非常推崇陶。他在起知泉州、福州期间，也曾多次撰写劝农书，字字刻骨，句句暖怀。如《泉州劝农文》载："家家饱香粳，在在拾滞穗，鸡豚享亲宾，酒醴供祭祀，此时三农家，快乐谁与比。"《再守泉州劝农文》载："春宜深耕，夏宜数耘，禾稻成熟宜早收，敛豆麦黍粟麻芋菜蔬各宜，及时用功，布种陂塘沟港潴，蓄水利各宜，及时用功浚治，此便是用天之道，高田种早，低田种晚，燥处宜麦，溼处宜禾，田硬宜豆，山畲宜粟，随地所宜无不栽种，此便是因地之利。"

二

因是喜欢美食，加之自行操持菜畦，西山真氏对庖厨之事颇有心得。据说浦城有名的肉燕与他有关。其专攻理学，韬晦静心，于自然万物收纳清气，修身养性，是哲学家，又是养生专家。

他写的《真西山卫生歌》是修心养身的集大成之作。"万物惟人为最贵，百岁光阴如旅寄。自非留意修养中，未免疾苦为身累。"他将人置于万物之上，即人的中心价值在一切万物中得以体现，顺应了董仲舒"人受命于天，固超然异于群生……生五谷以食之，桑麻以衣之，六畜以养之，服牛乘马，圈豹槛虎，是其得天之灵，贵于物也"之学说，同时又彰显了他"人之为贵"的理学观点。这正是对朱熹"唯人之生，乃得其气之正且通者，而其性为最贵"的确立与真传。当然，现在看来，"惟人为最贵"的说法显然失之偏颇，正如恩格斯所言，如果过分陶醉于对自然界的优越权，那么大自然总归会报复人类的。

在方法论上，西山真氏提倡"食后徐行百步多，两手摩胁并胸腹。须臾转手摩肾堂，谓之运动水与土。仰面常呵三四呵，自然食毒瓦斯消磨"。"吸新吐故毋令误，咽漱玉泉还养胎。指摩手心熨两眼；仍更揩摩额与面。中指时时擦鼻茎，左右耳根筌数遍。更能干浴一身间，按时须扭两肩。"

在禁食法则上，他说"食不欲粗并欲速，宁可少餐相接续。

若教一顿饱充肠，损气伤脾非尔福"。他曾呼吁不要吃生冷油腻的肉类，不要吃"自死"的牲畜，也不要吃生鱼脍，会招引消化系统疾病。在饮品上他告诫人们，"饮酒莫教令大醉，大醉伤神损心志。酒渴饮水并啜茶，腰脚自兹成自坠"。当然，《真西山卫生歌》中，他还提到了春秋四时、阴雾豪雨、日常行端、饮食调味、睡眠宴居等多种场景下的养生禁忌。

读到这里，好多人也许有这样的疑问，修养如此高深的人，为什么只活了五十八岁？这个寿命与他同为大臣的师兄魏了翁相当。其实在宋代，这算长寿了，因为在当时普通民众平均寿命在四十至五十岁。然而他身边有活了八十五岁的刘爚和八十六岁的赵蕃，他的宗师朱熹活了七十岁，怪不得他对隐居玉山章泉赵蕃羡慕嫉妒恨呢，赞其"七十年无轩冕之累，已有箪瓢之乐"。

是啊，五十八岁的真西山命归西天，纵有天下知音，亦只自心中凛凛，人生境况不算完美。

现在看来，他得病早有征兆，翻阅《西山文集》，有多处其以病请辞假归的记录，比如《再辞免新除状》："祈请由是，百病交作，门不离医，每值隆寒所患尤剧，自顾尪残，如此必须休养，年岁专意服饵，庶不遽为废人"；《乞给假状》："即日，登除适值连雨泥淖行役，艰辛颠跌顿撼，长幼番病，所至访医药疗治，历四旬有作"；《展假状》："某自去岁十二月十六日受代登涂阴雨连并行役甚难，至今年二月初十日始抵浦城寓里，合于今月初十日假满，所当遵奉指挥即造行阙缘，某在途之日，全家番病，子妇损孕，息女丧亡，悲忧感触，旧疾复作，面目枯悴，行步艰辛，饮食顿减，语言少力，自今招医疗治……"；《为足疾请朝假作》："某见患右足赤肿，行履艰难，欲请今月初六日以后朝假，五日将理伏候指挥"；等等。

从上述记录看出，西山真氏患有足疾，可能与长期操劳颠跌疲顿有关。当然，"百病交作"是根源，具体是什么病，不好揣测，但从"每值隆寒所患尤剧，自顾尫残"来判断，估计与腿足受冻坼裂、生冻疮有关。

"全家番病，子妇损孕，息女丧亡"，瞧瞧，人生最大的"悲"全被西山赶上了，虽说研学慎省，但为官清正的他，仕途上屡遭诘难，再加上时时操劳家人，自己又旧病反复发作，纵然是条汉子，也难抵命运的利箭百般穿心！

第三辑　奇古录

修仙食谱考

中国古人自追求长生不老之初，就将永垂不朽的希望寄托在一日三餐上，于是，那些率先求道的方士们，在信念的驱动下，实践出了一套采集、制作和服食长生药的方术，故为服食术。

药材有三六九等之分，若要升天，就得食用令人安身延命的上药，中药养性，较次之，下药有毒，运用得当除病，不当毙命。所谓长生药，其实就是养生的上等药材，现在看来，无非就是野生菌、草木药之类。

通读《历世真仙体道通鉴》（以下简称《通鉴》），就会发现一个规律，凡是修仙的人，都掌握了一定的服食术。比如隋人韦节，居住在华山南边，常常食用黄精、白术、胡麻、茯苓、丹砂、雄黄等度日；南朝宋国刘凝之隐居衡山之南，"采药服食，妻子皆从其志"，据说他变卖了所有家产，在荒郊野外盖房子，不是自己劳动得来的食物坚决不吃。二人为什么都喜欢在山南修行？是基于风水考量，古人讲"山南水北为阳，水南山北为阴"，在南坡修行，能获取天外更多的能量？

介象，三国时期吴国著名的隐术鼻祖，喜欢吃鹦肉，神奇的是，他点燃茅草煮鹦，鹦熟而茅不焦，想必草是隐的，火是隐的，鹦也是隐的，用障眼法营造一个魔幻效应。历史上吃鹦鹉的人的确不常见，介象算一个，编写《本草品汇精要》的明代太医刘文泰算一个，李时珍也肯定尝过，否则他不会说鹦肉"甘、咸、温，无毒。"

据《通鉴》，沛国人刘政，家境丰沛，高才博物，即使不图功名，也能坐享其成。可他就是不安于现状，为求长生，不远千里寻养性之术，服食朱英丸，活到180余岁，面如童子。和介象一样，据说此人擅长隐身，一个人化作百人，瞬间唤来十二级大风，呼呼呼能让人变成林木或鸟兽。古书记载，刘政"能种五果之木，使华实可食，坐致行厨，供数百人"。"坐致行厨"，一次性解决五百人吃饭问题，算是烹饪的高境界了，即使在科技发达的今天，也无人能及。沛国在东汉是个郡，即今安徽淮北附近，这里也是曹操的家乡——谯县。

看来两千多年前，食用五果五辛学道修仙也是一种风尚。秦国有个人名叫姜叔茂，有朝一日，心血来潮，放着巴陵王侯的爵位不当，一路奔袭，来到勾曲山下，种起了五果木和五辛菜，并自产自销，换购一些丹砂食用，最后成为得道仙人。

五果通常指李、杏、枣、桃、栗，五辛包括葱、蒜、韭、蓼蒿、芥。其中枣子和桃最具仙气，吃这两种，离极乐之土最近。相传有一个叫安期生的人，吃仙枣养生，颇有名望。《史记》《汉书》记载其修仙之法。汉武帝迷恋方术，派李少君外出寻访，回来后向刘彻汇报，说他在东海边见到安期生在卖药，此人"食巨枣，大如瓜""臣以食之，遂生奇光"。不管怎么说，"枣大如瓜"后来成为奇异果或求仙的代名词。宋人张元干有诗句："莫问蒲萄出月支，不缘瓜枣访安期。"李白也说："亲见安期公，食枣大如瓜。"自视清高的苏轼则说："已从子美得桃竹，不向安期觅枣瓜。"钱谦益先生说："迎仙楼畔多仙侣，进酒应将枣似瓜。"看来这些人都喜欢蹭安期生枣的热点。

山洞对于道家秘密研发服食术而言，是充当了幽暗神秘的特定场域，有点像拍电影的场景。故事里的人物往往因"傻白甜"误入山洞，结果发现那里竟然有酒有肉，服食自由，只要遵守一定的规矩和道义，即可成仙。据《通鉴》，汉明帝永平十五年，有两个名为刘晨、阮肇的人相约前往天台山采药，不料迷路误入一个山洞，接待他们的是仙气飘飘的靓妞，一看见美女，这俩人腿就软了，干脆在这里住了下来。一晃就是半年光景，他们每天食桃木，饮涧水，品甘酒，而且有吃不完的胡麻饭和山羊肉，且日日乐器歌调作乐。待他们返回人间时，发现乾坤大挪移，七代子孙已繁衍于世。

据《通鉴》，山西长治上党人赵瞿，得癞病（麻风病）将死，家人将他扔到深山石洞里自生自灭。起初，赵瞿极度悲伤，昼夜哭个不止。忽然有一天洞里来了两位神人，送他五升松子脂，说哭顶个屁用，服下去吧，病会好起来的。赵瞿照办，病果然好了。回到家里，他持续服食松子脂，两年后，面色好转、肤肌光泽。到了七十岁，赵瞿不带眨眼，就能将兔肉连同骨头咯嘣嚼碎，过三百岁生日时，钻进抱犊山化仙而去，不知所终……松子脂令人起死回生，这背后一定是神人的法术作祟。不过有一点是肯定的，多食用松子脂，清心养性，滋润神魄，据说乾隆皇帝爱喝的三清茶中，就有美妙无比的松子脂。

再说一个洞内服食胡麻修仙的例子。

长安人昊睦，曾经是个县官，性子耿直，得罪人被起诉，"法应入死"，看来罪行不轻，怎么办？逃吧，于是藏进了山林。正待他饥饿困乏时，见不远处有一片黍米及胡麻地，穿过庄稼地，一个石洞豁然出现，洞内有一位先生在认真修学，于是他上前询问，才知先生姓孙。孙先生知道眼前这位跌跌撞撞跑上山的小伙是戴罪入山，也不多过问，只供出食物给昊睦，并为其诵经讲道，谈及祸福报应，昊睦瞬间开悟，自愿留在洞内替孙先生打杂，修性立身，一干就是四十年，天天陪伴孙先生采药，服食胡麻，参道悟人生。三百二十年后，终于成就一身仙气，服丹升天。《历世真仙体道通鉴》中没有交代孙先生是什么人，陶弘景在《真诰》中讲到这个故事时也没有说清，我想应该是孙思邈。孙先生曾在终南山、药王山隐居，凡有僧人来访，便使山仆端出"藤盘竹箸林饭一盂，杞菊数瓯"品尝，虽无盐酪，却味美若甘露。孙思邈最推崇胡麻的食疗功效，并研发出了胡麻酒的配方。唐代诗人王昌龄在《题朱炼师山房》一诗中写道："百花仙酝能留客，一饭胡麻度几春"，可见胡麻在中国道学中具有特殊的文化意蕴。

中国的道士对桃树情有独钟，不仅用桃木做法器，而且还服桃以求仙。如崔野子，服木以超脱尘世为仙。灵子真，喝桃树上分泌出来的胶汁得仙。黄子阳，别出心裁，剥桃皮吃，获得了长生之妙。唐懿宗时，王璨辞官进山修炼，一次偶然进到一个洞里，意外获得一片核桃，大如斗器，吃下去人会飞起来。

渔阳人（今北京密云西南）凤纲有一套奇特的服食术。将采来的百草用泥巴封起来，百日后取出煎制成丸食用，据说死去的人吃了会立刻活过来。凤纲常年服食此药，长生不老，后来入地肺山升仙而去。

修仙食谱里，有没有什么饮品？

有。《抱朴子》记载，河东蒲坂人项曼都，冒着大雾上山求仙，被先行一步的成功人士赐流霞一杯，喝下去顿时不饥也不渴。《历世真仙体道通鉴》中关于这段描述尤为夸张："饮之忽然忘家"，忘家，是陶醉了还是被麻痹失忆了？流霞，传说是天上神仙的饮料，多是对美酒的喻称。李商隐《花下醉》中称"寻芳不觉醉流霞，倚树沉眠日已斜"，这里的流霞也是指美酒，喝了会让人觉得岁月无比静美。

魏晋以来，连年战乱，"人心惟危，道心惟微"，社会上刮起炼丹服食的风习，名人雅士们为了逃避现实，时常入山与道士交游，接受洗礼，寻求安慰，完了再施点碎银从他们那里回购点仙丹灵药什么的，像刀圭粉，常常出现在这些人的诗文中。后来，也被人写进志怪小说，贞观年间张公弼在华阴云台观时曾引刘法师进入一个神秘石洞后，从随手携带的一只黑袋子里取出一包刀圭粉，用水化开搅拌后招待他，法师喝后顿感"味甘且香"。唐代牛僧孺在《续玄怪录》中也记述了这个故事。

在修仙食谱中，石髓这玩意是绕不过去的。据说吃石髓得把握好时机，前一秒是棉花糖，后一秒就变成石头了。魏晋时期有个隐士名叫王烈，此人喜欢炼铅丹，掌握了食铅养生的秘籍。有一次，他在山洞里捡到了一块像软糖一样的石髓，吃了一半，觉得神清气爽，于是舍不得再吃，留一半给上山采药的好友嵇康，不料刚给到对方手里，石髓就凝结成石头了，二人面面相觑，不知如何是好。

"朋来握石髓，宾至驾轻鸿"，看来在那个时代，用石髓待客，是极高的礼节了。到了唐朝，石髓被请进了皇室。诗人王维曾随皇帝一起到玉真公主的山庄，一下子开了眼界，于是写下了《奉和圣制幸玉真公主山庄因题石壁十韵之作应制》，其中一句提到了石髓，"御羹和石髓，香饭进胡麻"。胡麻饭、石髓羹，都是唐代非常流行的修行美食，诗人耿湋在《送叶尊师归处州》一诗中写道："石髓调金鼎，云浆实玉缸"，元稹在《饮致用神麹酒三十韵》中也有"翻陋琼浆浊，唯闻石髓馨"的句子，可见石髓有多好吃了。

修行的路上，有人活至数百岁、上千岁，有人却越活越像婴儿，两种极致，需要掌握不同的服食之法。唐代蜀地有一个名叫许仲源的人，一次他在酒馆里偶遇了一位道士，此人"童颜漆发"，于是许仲源厚着脸皮求道，对方送他一本返老还童的食方后化鹤飞去。回到家后，许先生便照着书捣鼓仙药：取鹿角一对，截成三寸，用东流的河水清洗干净，再配上深山里的构树果、黄蜡、桑白，然后放进铁锅煮上三天三夜，滤掉表面黑皮服之。长期坚持，活了一百多岁，却始终一副娃娃面貌，且行如飞马，力大胜牛。

诸如此类的例子《通鉴》中有很多，有吃枸杞根升仙的朱孺子，有喝泡澡酒飞天的王老，有"不食百谷，惟饮水"，三年行轻似飞的羊惜，还有北魏道士梁谌，"广索丹砂，还而为饵"。唐玄宗时期著名道士邢和璞常服橘皮、甘草、食盐三味制成的延年草，天长日久，算命技艺愈加精湛。

也有人只追求自然养疗，只要心中有道，天天喝矿泉水也照样长寿。十六国汉国官员王延认为"松餐涧饮"可以助其升仙。罗公远道士为躲避唐玄宗追杀，"小隐居山，食果饮水，度流年而已……"，练就了一套独到的隐身术。

"毕身无病，寿皆八九十"的宋玄白，其服食秘籍最有趣，他从不吃五谷杂粮，喜食肉，一顿会干掉五斤猪肉一大盆蒜泥，吃完，还要再喝上二斗烧酒，再吃一个白梅。据说他做的蒜泥有一股奇香味。至今川蜀大地流传着一道蒜泥白肉的菜，蒜味浓厚，咸辣鲜香，肥而不腻……想想，这道菜的专利，归不归宋玄白呢？

吃狗肉简史

古时候，人们将犬称为狗，狗狗又叫地羊，为什么叫地羊？难道古人眼拙，傻傻分不清狗与羊吗？我查了好多史料，没有一个准确的解释。

不管怎么说，狗肉好吃是不争的事实。虞舜时期，中国就有了狗肉席，主要用来行孝之礼。可能狗狗寓意着忠诚吧。

但真正的食狗之风兴于商周。周人重视狗狗，专门设立了一个机构叫狗监，由此诞生的"狗官"也不在少数。《周礼·秋官·犬人》记载，当时专掌犬政的公务人员就有二十多人，他们的日常工作可不是铲屎哦，而是"犬人掌犬牲，凡祭祀共犬牲，用牷物，伏瘗亦如之。凡几珥沉辜，用駹可也"。

而且每种狗，每只狗，都有不同的工种安排：

第一，守御田舍。闲了没事干，让它们抓抓田鼠什么的；第二，田猎所用。让它们参与一些征战、狩猎、警戒和进攻敌人；第三，用来祭祀。爱钻研甲骨文的人经常会读到"犬祭"二字，什么意思呢？主人死了，爱犬也要跟着到另一个世界；最后一点，充庖厨庶羞用。至于助兴娱乐，哄主人开心，每天"萌萌哒"，那是后来的事儿。

古书记载，每年孟秋之月，天子要食麻与犬，仲秋之月，以犬尝麻，季秋之月，以犬尝稻……可见三千多年前，汪星人的地位很高，干什么都少不了它，六畜中仅次于牛羊。所以，狗肉一开始只供宫廷。遇到重要节日，第一口热腾腾的狗肉，一定是属于天子的，然后再祭献神庙。

那么，商周人是怎么吃狗肉的呢？

周代宫廷宴上流行"八珍"，这八珍里有雁、鸠、鸽、雉等，现在看来也不是什么稀罕物，其中有道被称为"肝膋"的名菜，烹法很奇幻：先是用狗肠上的油脂将狗肝裹起来穿到钎上用火烤，直到滋滋冒油花，表皮酥焦，味道美哒哒。不用多吃，一个狗肝，即可起到补肾壮阳的作用。

从蛮荒到帝国文明兴起，人们对待肉食的方法仍是简单粗暴的，从茹毛饮血生吃禽兽，到囫囵烤、大块吃、大碗喝，满嘴流油，怎么着也不文明啊。正所谓"未有火化，食草木之实，鸟兽之肉，饮其血，茹其毛"（戴圣《礼记·礼运》）。这个时候，有个叫孔子的人看不下去了，他先知先觉，说了句"食不厌精，脍不厌细"。到底是圣人，此话一出，从庙堂之上到江湖之远，彻彻底底震倒了一批人，第一批悟到文明饮食真谛的庖丁们开始磨刀霍霍向匠心进发。

春秋到两汉时期，狗作为家畜豢养已经相当普遍，食狗风潮空前高涨。吃狗肉的人多了，催生了屠狗这档营生，比如有个叫聂政的侠义青年就是干这行的。《史记·刺客列传》记载，聂政"幸有老母，家贫，客游以为狗屠"。说明狗肉在当时已经进入百姓市场。可以想象，当年老子也是一手撕着苦味狗肉，一边挥杖吟赋，大呼"道可道，非常道。名可名，非常名"。如果换作屈原，他一定会说，"醢豚苦狗，脍苴蓴只"，意思是，"烤乳猪、炖狗肉、蘸苦酱，佐以小菜鬼子姜"。此话颇有老婆娃娃热炕头的韵味。

那时候，人们对狗肉的制作就已经相当成熟，而且越来越精细。《盐铁论》中有"狗膌马朘""寒膊庸脯"的记载，这是两款古老的复合菜，即将马鞭肉或驴肉干与狗肉作为原料进行加工烹制：先是在狗肉片里掺上马鞭肉或驴肉片，放到火中烧至半成熟，再用沸水涮一下，待十成熟后捞出，撒上花椒末、生姜粉放在太阳下晒干，制成肉干，工序比较复杂。古人为什么要半熟烤半熟煮，最后还又晒一晒呢？想必这样也是易于保存，方便在市肆间出售。另如楚国有一道菜叫"狗苦羹"，很有名，流行于士人和官吏之间。这道菜的做法是，先用苦荼将狗肉包起来，然后放到青铜鼎里烹煮。吃这么一口苦涩味的狗肉，清热凉血又解毒。

秦汉的吃货对食狗肉是非常讲究的，而且食之有道。《礼记·曲礼》中说，用残羹饲养的狗，肉质细腻。《周礼·天官冢宰第一》中有"犬赤股而躁臊"的说法，这话就很有意思——如果狗狗的脚掌和屁股赤红无毛，走路又毛毛躁躁，其肉一定有股恶臊气。而且古人遵循"选幼不选壮，选壮不选老"的选狗原则，以食小狗为上，比如马王堆一号墓（辛追夫人墓）的竹简上记载了一道名为"狗巾羹"的菜，从出土的标本来看，该菜取自一年以内体重四五公斤的小狗。这就是两千多年前一个女吃货的最高境界。

同一时期，狗肉在南方是什么情况呢？据《国语·越语》记载，越王勾践为鼓励多生孩子好打架，于是规定"生丈夫，二壶酒，一犬；生女子，二壶酒，一豚。"看来越国青年想不脱单都难，有猪狗作奖赏，谁不心动啊。这说明，在楚国被视为人间珍品的狗肉，到了越国普通百姓也可以享有。

我们通过长沙马王堆三号汉墓出土的帛书《养生方》来看，狗肉用于食疗养生在西汉已经很普遍了。有一款"狗肉脯"的菜，将狗肉切成条，再用某种工具反复捶打，去掉肉中筋腱和皮膜，然后用泡过蜗牛的醋汁浸渍，制成肉脯铺在芦席上阴干后即可食用。古人是很聪明的，醋会使小蜗牛晕倒，直至死亡，用醋泡过的蜗牛其钙质外壳会变软，与狗肉搭配，清热解毒，可治疗中气不足。

狗肉与龟搭配，也是大补。通五经贯六艺的科学家张衡在《南都赋》中称赞南阳美食"百种千名"，其中就有用龟汁煨炖的狗肉，肉质鲜美，汤汁浓香，特别适合冬季进补之用。楚国人则擅长荤素搭配，注重烹饪技术和调料的使用，如屈原在其《楚辞·招魂》中提到了"敃汁狗肉"，还有枚乘在《七发》中记载，为楚太子办王宫筵席，有一道"石花狗羹"，即肥狗肉烧，盖层石花菜……

在汉代，每年有"伏日赐肉"的习俗，入伏第一天，国君会给每位员工发狗肉。《汉书》曰："东方朔为郎，伏日诏赐诸郎肉，朔独拔剑割肉，谓其同官曰：'当早归，请受赐。'即怀肉而去。上问朔曰：'赐肉不待诏而去，何也？'上令自责。朔曰：'受赐不待诏，何无礼也；拔剑割肉，一何壮也；割之不多，又何廉也；归遗细君，又何仁也。'上笑曰：'令生自责而反自誉。'复赐酒一卮，肉百斤，遗细君……"

这段话记录了东方朔领肉时与汉武帝对话的情景。

汉代的庄园地主和封建官僚们，饮食习风非常奢侈，他们死后，也要找块石头，将烹制盛宴的繁忙情景绘到石头上，带进墓洞。据不完全统计，目前出土的汉画像石中含有庖厨内容的图像大约有40余幅，主要集中在山东苏北一带，比如山东境内的嘉祥武梁祠前室、石室，济宁城南张，嘉祥宋山，嘉祥南武山，梁山百墓山，长清孝堂山，临沂白庄，还有江苏泗洪曹庙以及河南南阳英庄等地出土的画像石上均有剥狗情景，唯独山东诸城前凉台出土的画像石内容是打狗。殊不知那些被剥了皮的狗是怎么死的，但民间做法大多以不见血为原则，要么吊死，要么用闷棍毙掉。再回头观察山东诸城前凉台人打狗画面：只见左手牵着狗绳，右手高举着棍子，呼地一声，以迅雷不及掩耳之势对准狗狗鼻尖、鼻梁前端劈下去……这就是大汉屠狗从业人员的职业修养。

《食经》中记载了一道著名的狗肉菜，即北魏的宫廷冷片狗肉，汉代叫"狗鲐"，从《齐民要术》的记载来看，那时候就已经实现了标准化，工序非常考究：狗肉三十斤，小麦六升，白酒六升（这是一种酒味较淡薄的速酿酒），"煮之令三沸"，然后更换汤，再用小麦、白酒继续煮，直至骨肉分离时，将狗肉撕碎，"鸡子三十枚着肉中"，打上鸡蛋液，放入蒸锅内蒸至蛋液凝固出锅，用石板压平，放到第二天食用。有人猜测，这道菜中的小麦应该是南方糯米之类，经由南朝厨子改良，标志着风行北方的屠狗业开始向南方转移，正所谓"屠狗商贩，遍于三吴"。

隋唐时，大兴佛教，华夏处处是佛系青年，食肉之风由盛而缓衰，狗狗们"翻身农奴把歌唱"，属于它们的黄金时代来了。大隋帝国开国皇帝杨坚一上任，遵循儒佛合璧精神，在他生日当天宣布全国断屠吃素，撤掉御膳中的酒肉，明令"犬马器玩口味不得献上"。民间也纷纷效仿，"狗肉不上席"之说广为流传，因为谁也不想多吃一嘴而遭受报应。

到了唐代，狗肉基本上退出国宴了，只有民间零星食用的记载。比如唐代陈敬瑄在西川任军区司令期间，仍保留"日食蒸犬一头，酒一壶"的腐朽作风。贞元初年扬州有个叫田招的人到安徽宣城表弟家做客，说表弟啊，哥就想吃狗肉，于是表弟就到处去找狗肉，结果没找到，叹了一口气说"了不可得"。"了不可得"出自佛家术语，原来家家户户吃斋念佛寻逍遥了，哪有什么狗肉啊。在唐代著名志怪小说家段成式笔下，吃狗肉往往是那些不务正业的人，他在《酉阳杂俎》中记录，东都恶少李和子"常攘狗及猫食之"。

狗肉滚三滚，神仙站不稳。虽说人们用道德、宗教、律令等多种手段约束自己别吃狗肉，但民间食狗之风暗潮涌动。尤其宋代，养狗屠狗业火爆，为此宋徽宗曾下达了禁食狗肉令，就连吃遍天下的苏东坡也看不下去了，大骂那些食狗人士："狗死犹当埋，不忍食其肉，况可得而杀乎？"（苏轼《记徐州杀狗》）宋人在《太平广记》描述："蜀民李绍好食犬，前后杀犬数百千头"，想想，百千头，可见当时蓄犬规模之大。这一点，在《宋书·五行志》中得到了印证："绍兴六年四月，中京大雪，雷震，犬数十争赴土河而死，可救者才二三。淳熙元年六月，饶州大雷震犬于市之旅舍……德佑元年五月壬申，扬州禁军民毋得蓄犬城中，杀犬数万，输皮纳官"。当时洛阳、鄱阳、扬州等多处狗患横行，严重影响了大宋百姓的安宁，于是一场清缴狗狗的运动开始了……

明清时期，人们对待狗狗的态度越来越隐讳了。一方面，一些达官贵人照吃不误，而且大书特书，比如明代中期上海有个叫宋诩的人，根据母亲"口传心授"编写了一部饮食著作《竹屿山房杂部》，在书中记录了好多私房菜，其中就有"宋府煨犬"，这道菜的做法是：用鸡鸭蛋液和花椒、葱、酱料调和狗肉，放入瓮中，用稻草包紧，黄泥封口，然后再用谷糠火煨上一天一夜，待火熄瓮凉时即可取食。宋诩还有一道"宋府燋犬"的菜，制作工艺上以烘烤为主，口味干香；另一方面，政府出台了一些细则保护狗狗，这些细节很有意思，比如要求主人应当宽容善待狗狗，对狗狗说话要温和，不应有刺激的行动，要与狗狗建立良好的信任关系等。"野径来多将犬伴，人间归晚带樵随"，总之，政府的意图就是让这样的田园画风更美一些。

"关门吃狗肉"的规矩在清代彻底得到了默许。上至官员，如清人陈杰在《回生集》中讲道，有一个叫贺泽民的官人去云南考察，中途得了恶性疟疾，"有监生杀犬煮而馈之食"，贺泽民很快就痊愈了；下到底层集市，常有狗肉的影子，史料均有记载，康熙年间，耶稣会传教士利国安在给神父的信中写道："中国人在集市上也卖马肉、母驴肉和狗肉"。除此之外，还有一些文学艺术家，如像郑板桥这样的大咖，是出了名的狗肉爱好者，常常是"狗肉一盘，老酒一壶"。

到了民国，吃狗肉在知识分子那里形成了两股态度相反的阵营，以周作人为代表的激进派提倡"买来就吃"，他曾专门写了一篇《吃狗肉》的文章，叹息道，"我只可惜中国古代吃狗肉的习惯中断了""假如有作坊里栈养肥壮的黄狗，我想那就不成问题，大家不妨买了来吃"。这一圈子里还包括茅盾、邹韬奋、胡风、胡绳等文化名流，他们对狗肉均十分向往。茅盾曾说，"比什么八大八小的山珍海味更好"。1936年，有人甚至在《北平晨报》刊发文章，宣称"只有两广人才懂得狗肉的异香美味"。而以梁秋实为代表的保守派则表示，"我没吃过狗肉，也从来不想吃"，气不过，他横眉怒目干脆撂下话，"士各有志。爱吃狗肉者由他吃去，不干别人的事。西方人以为狗乃人类最好的朋友，一听说中国人吃狗肉，便立刻汗毛倒竖，斥中国人为野蛮"。大伙都是混圈子的，为吃个狗肉，争来抢去，民国这帮大老爷们，真可爱。

一直到近现代，当下，狗肉仍旧上不了席面，吃狗肉的风气只活跃于东三省，以及两广（广东广西）等地。那么到底吃好还是不吃好呢？借用梁秋实那句话，"士各有志"，各位请便。

喵星人的黑暗料理史

在吃货眼里，万物皆可食。

最典型的就是广东人，唐人刘恂在《岭表异录》中记录了粤人吃鹦鹉、猫头鹰等事例。"争食其鼻，云肥脆，尤堪作炙"，象鼻子肥而脆，在广东人看来烤着吃味更佳。"广溪洞间，酋长多收蚁卵，淘泽令净，卤以为酱"，瞧瞧，蚂蚁卵也被硬生生吃成了"老干妈"肉酱。《南越志》云："大者，其皮可以鞔鼓。取其肉，曝为脯，美于牛肉"，蜈蚣肉晒干，竟然能吃出牛肉味儿。

这里我说说食猫的事。即便现在很少有人吃猫肉了，可拉开历史的长河看，吃猫肉的事还挺多。

中国人最早什么时候吃猫，没有准确的史料记载，不过至少可以追溯到夏朝。

夏氏14世，少发秦氏生一子名为森国，在肇庆府主持工作时，买了一只似猫又似虎的动物，"命庖人烹之，以进其夫人"，让厨子做了给夫人吃，夫人不吃，"乃送书房佐餐"，送到书房让公子吃，公子吃后大赞，"其味似猫肉"。这种猫就是《肇庆志》中记载的灵猫，《山海经》中的"类"，又叫"不求人"，看上去像猫，却很威猛，野性十足，或称为"虪猫"。

森国不一定是广东人吃猫肉的鼻祖，否则他也不会说"味似猫肉"，这只能证明他以前吃过，别人也吃过，但谁是第一个吃猫肉的人，不知道。

说到这里，不得不提及武则天，对于一个倡导禁止屠杀鱼蟹虾类又极为宠猫的人来说，吃猫一定是大逆不道的。不过在唐代，山东洪州仍有吃猫狸的习俗。唐段成式《酉阳杂俎续集·支动》："洪州有牛尾狸，肉甚美。"这多少有几分妖气。古籍中的狸可能就是猫，洪州人吃的九尾狸也可能是九尾猫。据说当猫养到九年后它就会长出一条尾，每九年长一条，一直会长九条，然后再过九年就会化成人形，这时猫才是真正有了九条命，在中国也叫九命猫妖，是一种邪妖。

在唐代以前，关于猫的记载中，人们对猫狸傻傻分不清，《广韵》《玉篇》《诗·豳风》《扬子·方言》中提到的狸、貍、豸芮等都与猫相似，个头比较大，凶猛，通常与虎并称。在我看来，那时候的猫不是真正意义上的家猫，是未经驯化的野猫。

到了以韵为高的宋代，人们崇尚低调的奢华，猫文化一下子丰富了起来。相关的产业也空前繁盛，据《咸淳临安志》记载，"都人畜猫，长毛白色者，名狮猫，盖不捕鼠，猫徒以观美"，当时的首府人都养起了猫，但这种拥有波斯血统的狮猫充其量是猫中"花瓶"，不会抓老鼠，只供观赏。

由此看来，猫的地位很尴尬，一方面它是达官显宦的座上宾，比如像这种临安府里的狮猫，"比寻常者大，长尾拖地，色白如雪，以鸳鸯眼为贵，北街回民多畜，此居奇"（《临清县志》）。这种杂交猫，相貌奇特非常珍贵，深受皇宫里的人喜爱。因此别说吃它了，一个普通的大宋子民，日常的生活连一只猫都不如，这种猫光是伙食就极为奢华，从猪蹄、动物肝脏到各种鲜肉，都是小意思。

即便如此，这些喵星人尤其那些没有炫丽血统的普通猫狸，大多又难逃草芥仇寇的那张馋嘴。就连一言不合搞雅颂的宋代文人提笔落笔也不忘阿猫阿狸。黄庭坚在《乞猫》中写："秋来鼠辈欺猫死，窥瓮翻盘搅夜眠。闻道狸奴将数子，买鱼穿柳聘衔蝉。"这首诗中一会说猫，一会儿又说狸，有点混乱，不过我觉得说的是同一种动物。在《谢周文之送猫儿》中这位山谷道人又说："养得狸奴立战功，将军细柳有家风。一箪未厌鱼餐薄，四壁当令鼠穴空。"这里的狸也是猫。苏轼也有诗曰："泥深厌听鸡头鹘，酒浅欣赏牛尾狸"。宋代文豪梅圣俞有"雪天牛尾狸，沙地马蹄鳖"的句子。可见宋代狸或猫已经成为宴席上的一道美味，而且成为牛气哄哄的贡菜。

猫肉怎么吃？宋朝吃货林洪在《山家清洪》给出了做法："以清酒净洗，入椒、葱、茴、萝于其内，缝密蒸，去料物，压缩，薄切如玉。雪天炉畔诗配酒，真奇物也。"历史上先是有浊酒，嵇康《与山巨源绝交书》："时与亲旧叙阔，陈说平生，浊酒一杯，弹琴一曲，志愿毕矣。"到了宋代才出现清酒，不过价格稍贵，度数偏高，相对高大上。宋人用清酒清洗猫肉为的是祛除酸骚腥味（有一层黏液一定要清洗干净），这一奢华做法多属皇家贵族专享。至于开膛剖肚缝进料物，有点像传说中的羊肉焖肚。总之，大雪天，围在火炉前，吟诗酌酒，正是古代文人吃货的意境。即使喝多了也不要紧，李时珍在《本草纲目》中说了，猫肉"大能醒酒"，但不要与藜芦和细辛同食，否则犯饮食禁忌。猫（肉）与酒似乎有种说不明理不清的暧昧关系，《清异录》中有"醉猫三饼"的典故，也恰恰对应了西方"佳酿能使猫言"的古谚。

在宋代，吃猫的风气一浪高过一浪，完全规模化产业化了，以致于鼠患横行，无奈好猫难求，据《聊斋志异》载："万历间，宫中有鼠，大与猫等，为害甚剧。遍求民间佳猫，辄被啖食。"想想，多可怕。

喵星人在宋代历经劫难，元明以来，嗜猫者寡食猫者淡，也许有了这段诗意般的缓冲，到了清代，吃猫肉的习风再次大涨，而且手法更多，手段更残酷。清代文人纪昀在《阅微草堂笔记》中记载了福建人食猫的方法："闽中某夫人喜食猫。得猫则先贮石灰于罂，投猫于内，而灌以沸汤，猫为灰气所蚀，毛尽脱落，不烦芟治，血尽归于脏腑，肉莹如玉，云味胜鸡雏十倍也。日日张网设机，所捕杀无算。后夫人病危，呦呦作猫声，越十余日乃死。"这段话的大概意思是说，闽中有一位妇人喜欢吃猫，变着法子捕杀，然后放到装有石灰的罂中，灌上开水褪尽毛后烹制，味道美过战斗中的小公鸡。一切众生皆有佛性，生可杀乎？此妇人戮猫无数，不料陷入因果报应的宿命轮回中，后来病死而去。

到了清代晚期，在吃上本着"掘地三尺穷尽一切"的精神，广东人将猫肉的做法推向了巅峰。据说清同治年间有个叫江孔殷的人，在京都做官，见多识广，退休回到家乡专心研习烹饪之道，在选材和技法上不走寻常路，冷不丁会突然端上一道惊艳绝伦的美味来。在七十岁生日那天，他给自己献上了一道用蛇和猫制成的菜肴，美其名曰"龙虎斗"，客人尝后为他纷纷点赞，后来他对这道菜进行了改进，加入了鸡肉，改名为"豹狸烩三蛇""龙虎凤大烩"。这道菜至今仍在岭南地区广泛流传。

自古食驴变态史

"天上龙肉，地上驴肉"，这相当于把驴肉之美吹到和天龙一个级别了。

当然，驴肉之美，并不是吹的。宋代诗人王十朋吃过朋友送的驴肉后，吟诗一首："不骏于乘合见烹，铃斋指动荷分羹。区区膰肉非相报，正恐公为孔子行。"清代诗人王渔洋吃过驴肉，写了《赞驴肉》："佳胲开坛满庭香，骚人搁笔费评章。此品只有天上有，人间能有几回尝。"康有为吃了驴肉也说："当年不知驴肉美，何事扣门却芳香。"

考察食驴史，商周至秦汉时代，是狗肉的天下，驴肉不是主流。到了南北朝、隋唐五代时驴肉才出现在国宴上。最早有记载的驴肉食谱是"北魏酱驴肉"。

北魏农学家，吃货高阳太守贾思勰，相当于贾市长，起初于公元 533 年至 544 年间，深入今河北、河南、山东做田野调查，发现了驴肉之美，于是写进了《齐民要术》，并将食谱献给上等人，登上了国宴，成为很好的下酒菜。南陈末代皇帝陈叔宝是个酷爱驴肉的没落之主，即使被俘虏了，仍然可以喝酒吃驴肉。隋文帝问监者陈后主的酒量如何，回答说，"与其子弟日饮一石"，文帝大惊，都成亡国奴了，酒量还这么好，是驴肉助的威吧！

"北魏酱驴肉"这道菜的做法是，先将驴肉剁成块，用盐、曲、黄衣搅和均匀腌制，放入瓮中，用泥将瓮口密封，放在太阳下暴晒，十四天后就可以开坛，吃前再煮一下，早晚当肉酱拌面或夹在馒头里吃。

这里提到的"黄衣"，是一种用整粒小麦做成的酱曲，起到发酵的作用。

虽说驴肉美食取之于乡野，但上了国宴后，身份就发生了变化，那些达官贵族们开始争食，民间百姓推波助澜，食驴之风到了不可控的地步，家里来客人了，没啥招待的，那就杀驴吧。

《开天传信记》记载了这样一段逸事：有一次，唐玄宗在野外游玩，既困又饿，便靠在一棵大树下休息，这时候刚好有个叫王琚的书生经过，见这帮人着装打扮像贵族，于是邀请他们到家歇脚。

玄宗一行来到王琚家一看，穷得叮当响，唯一的家产就是一头驴。敢把贵人拦进家，没两把刷子怎么行？王琚二话不说，拎起刀将他心爱的小毛驴给杀了，"备膳馔，酒肉滂沛"，唐玄宗瞬间看懵了，觉得此人是个硬茬子。

酒过三巡，二人无话不谈，玄宗向他诉苦，道出了韦氏专制的事，没想到王琚直接撂下八个字："乱则杀之，又何亲也？"玄宗一下子愣了，但很快回过神来，大呼高人啊，于是就将王琚请进了宫里，"拜琚为中书侍郎"，果然，在王琚的辅佐下，唐玄宗平叛了谋乱，成为一代明君。

王琚杀驴，志在千里，这也算是一种成功的投资。

但整个唐代社会，食驴之恶风极度盛行。一些手中有点权力的官僚，于一饭一蔬一瓢一饮中穷尽人性之恶。

《太平广记》记载，李令问在做秘书监、左迁集州长史期间，大讲排场，以奢闻于天下。"其炙驴罂鹅之属，惨毒取味。天下言服馔者，莫不祖述李监，以为美谈。"他品尝驴肉烧烤、腌鹅肉时的招法非常狠毒，被广大粉丝膜拜、效仿，学李令问的做派，吃驴吃红了眼，将自己代步的驴也杀了食之者大有人在。

长安人唐临曾写了一本《报应记》，书中记载：唐内侍官徐可范，喜欢打猎，杀生灵无数。他绞尽脑汁发明各种奇葩吃法，曾拿来活鳖，把甲凿开，然后用热油浇烫，称之为鳖饼。此人又特别爱吃驴肉："以驴縻绊于一室内，盆盛五味汁于前，四面迫以烈火，待其渴饮五味汁尽，取其肠胃为馔。"原来把驴拴在屋子里，通过严酷的手法，令驴喝掉五香调味汁，再杀驴取肠胃做菜吃。

后来听说这位徐大人赴四川做官得了怪病，每次睡觉时，会有一群鸟兽聚来，啄食他身上的肉，直到死的时候，只剩一把黑骨头。

恶有恶报啊，逞凶惹天怒。大唐政府很快意识到这种动辄杀驴食驴的风气不可助长，毕竟驴长得那么可爱，又是耕地又是拉车拖东西，是人类的好朋友，怎么能如此残忍呢，于是，决定出台相关禁杀令。

开元十一年（723年）十一月《禁杀害马牛驴肉敕》出炉："自今以后，非祠祭所须，更不得进献牛马驴肉。其王公以下，及天下诸州诸军，宴设及监牧，皆不得辄有杀害。仍令州县及监牧使诸军长官切加禁断,兼委御史随事纠弹。"

禁令明确规定,不得向皇宫进献牛马驴肉,不得滥杀无辜。要求从监牧源头抓起,一旦犯来,立刻查办。这个世界,是强者在制定规则,弱者服从规则。味道很美丽的龙驴对统治者来说,是法外品享的珍味。

公元801年至900年间,唐朝中后期,川人昝殷编撰了《食医心鉴》,也许是首次将驴肉纳入食疗范畴,驴肉再度登上国宴,深受王族贵胄们的欢迎。当时流行的驴肉菜主要有昝殷蒸驴头、昝殷蒸乌驴皮等。这两道菜都选用了乌驴头,"入药以黑者为良",乌驴头营养价值高,具有滋养镇静的功效。孙思邈和孟诜曾用乌驴头煮汤渍曲酝酒,治"大风动摇不休"。到了昝殷这里,工艺改煮为蒸,既能保留营养,还能使乌驴头保持原形,吃的时候只调入醋、椒、葱即可。昝殷蒸乌驴皮这道菜对后世影响较大,元忽思慧在《饮膳正要》中记录的"乌驴皮汤"一菜,基本上照抄了昝殷的话术,说明这道菜在元代也是御膳房里的王牌菜。

宋代以来,政府对食驴之风屡禁不止,就连天天围着皇上转的臣子们,也耐不住驴肉的诱惑。宋人吴曾在《能改斋漫录》中记载,宋真宗到泰山封禅,从皇帝到大小官员,都要斋戒吃素,不允许吃荤腥,表示对上天神灵的敬重。然而当真宗问道"卿等在路素食不易"时,马知节揭发丞相幕僚中有人熬不住素食偷宰驴吃的事实。当场打脸啊。但马知节因"方直任诚"敢说真言而深得真宗喜欢。

明清以来,驴肉作为禁菜受重重打压,沦落到上不了台面的地步,但民间食驴之风大有超过隋唐之势,而且食驴肉者,一个比一个暴戾恣睢，似乎受了李令问、徐可范之流真传，其中，以山西人的食法最为乖张暴戾、变态阴狠。

清嘉庆官员、书画家姚元之在《竹叶亭杂记》中记载了山西临汾人王亶望食驴之事。

王喜欢吃驴肉丝，府中有专人负责养驴，他的驴个个肥健。每次吃的时候，"则审视驴之腴处，到取一脔烹以献"，他派人在活驴身上割取鲜肉，然后用烧红的烙铁止血，极为残忍。这样的人不得善终，终究被处斩抄家……说来王亶望也曾任宁夏知府，估计在任期间，宁夏的驴也没少遭殃。

山西食驴风气非一日之积弊。

清代文人梁恭辰在《北东园笔录·鲈香馆》中专门着墨描写了山西晋祠镇的驴肉馆子："山西省城外有晋祠地方，人烟辐辏，商贾云集。其地有酒馆，烹驴肉最香美，远近闻名，来饮者日以千百计，署扁曰鲈香馆，盖借鲈为驴也。"

鲈香馆的吃法与王亶望相比，有过之而无不及："其法以草驴一头，养得极肥，先醉以酒，满身排打，将割其肉"，然后在地上钉四根木桩，绑住驴的四条腿。有人点菜，想吃什么部位的肉，或臀或肩，就在活驴身上相应部位浇以沸汤，烫毛去皮，割肉下锅。客人下箸时，驴犹哀嚎未死，惨不忍睹。

这个馆子开了十多年，在当时受到很多乡下人和士族的投诉。乾隆辛丑岁1781年，终于被地方官以"谋财害命"的罪名查办，十余人涉案，老板被斩杀，其余厨子、服务员等闲杂人发派边陲充军。

自此，浇驴肉被列为中国十大禁菜，被人们所警戒。

梁恭辰也是个宿命论主义者，他在《北东园笔录》中告诉世人，"畜产自牛犬断不可食外，驴马肉亦不可食"，否则会患上马钉疮，甚至变成一头驴，并说，你看胡同里那些杀驴卖肉者，世世代代面狭而长，简直就长了一张驴脸。

驴肉越是美味，这个世上受刑的驴越多越苦痛。

梁溪坐观老人在《清代野史》中记载了一则读来令人哭笑不得的奇葩事。说江苏清江浦有个寡妇，可能是孙二娘，也可能是扈三娘，或是顾大嫂，总之，富而不仁，而且还有一个怪癖，那就是"嗜食驴阳"，喜欢吃公驴阴茎。"其法使牡与牝交，约于酣畅时，以快刀断其茎，从牝驴阴中抽出，烹而食之"，她让公驴母驴交配，然后一刀下去砍断公驴的阴茎，紧接着闪电般从母驴阴中抽出驴阳，又快速下入热水锅中，烹而食之。寡妇食后谈感受，她说"云其味之嫩美，甲于百物"。清河县令接到举报后，立刻将此恶妇绳之以法，也算是为天下的公驴们出了一口恶气。

总之，中国的食驴史，就是一段血泪纵横的苦难史。悲乎！请珍惜我们身边每一头辛苦的驴吧。

粟特人与羊羔酒

以宁夏灵盐广大地区为主的鄂尔多斯台地，不仅有美味的滩羊肉驰名中外，上好的二毛裘皮名扬天下，就连用羊肉酿造的羊羔酒，也有千年的历史传承。

公元 646 年，唐太宗车驾到达灵州（今吴忠灵武），在灵州会盟盛宴上，极有可能喝到了产自当地或者少数民族首领供奉的羊羔美酒，并将它带回了长安宫廷。

《旧唐书》曾记载唐太宗与大臣许敬宗的一段对话：

"朕观群臣之内唯有卿贤，然有言卿之过者，何也？"许敬宗答道："春雨如膏，滋生万物，农夫喜其润泽，行人恶其泥泞；秋月如圭，普照四方，佳人喜其赏玩，盗贼恶其辉光。天地大尚不能尽遂人愿，何况臣乎？臣无羊羔美酒，焉能调其众口？"在这里，许敬宗巧用羊羔美酒之喻，为自己辩白。唐玄宗李隆基给杨贵妃过生日时，从"沉香亭"贡酒中特意为其选中了"羊羔美酒"以示祝贺。贵妃翩翩起舞，玄宗借酒兴拍击奏乐。贵妃醉酒后，舞出了那支流芳百世的"霓裳羽衣舞"。

由此看来，羊羔酒至少有上千年历史。但当时为何将此酒唤作"羊羔美酒"？此"羊羔美酒"是不是用嫩羊羔肉酿造的美酒呢？唐史说没有确切记载，后人不得而知，存疑。

那么，羊羔酒酿制的渊源到底在哪里呢？笔者通过查阅大量资料，了解到"羊羔酒"是将动物脂肪原料酿入酒糟后发酵的一种酒，其最早流行于西方可萨人当中，后传入华夏，与华夏传统酿酒方式融合而成。那么谁是最早将西西伯利亚大草原上可萨人的羊羔酒酿制工艺引进中国的呢？种种迹象显示，极有可能是粟特人，或为后来的沙陀人。因为在唐末藩镇割据的状况下，沙陀作为一支政治力量异军突起，并在唐末五代政治生活中表现出非常重要的作用。沙陀人中，就有许多粟特人，其中绝大部分是在六胡州叛乱之后而逐渐融入沙陀的。最初他们是以部落的形式存在于沙陀之中。

那么沙陀人与羊羔酒有什么样的渊源呢？

北宋大臣陶谷所在《清异录》中明确记载了五代时的一种肉酒饮法，名为"丑未觞"。"丑未觞：予开运中赐丑未觞。法：用鸡酥、栈羊筒子髓置醇酒中，暖消而后饮。"栈羊，即在圈内加料精养的肥羊。从做法来看，透露出早先的"肉脂酒"没有酿造过程，但已经是羊羔酒的雏形了。

陶谷曾在后晋担任多种职务，受到后晋石重贵的赏赐。石重贵的父亲是晋高祖石敬瑭，为沙陀人，而石敬瑭的养父李克用是唐末节度使、军阀，沙陀族首领。据《资治通鉴》，"云、朔间胡人也"，这一带正是"肉脂酒"早先产地。石重贵以祖上传下来的"丑未觞"赏赐陶谷，说明"肉脂酒"早先也流行在沙陀人当中。

元代戏曲作家陈以仁认为沙陀人有饮羊羔酒的习惯，如《雁门关存孝打虎》杂剧第一折·冲末李克用上，云："万里平如掌，古月独为尊。地寒毡帐暖，杀气阵云昏。江岸连三岛。黄河占八分。华夷图上看，别有一乾坤。番、番、番，地恶人欢。骑劣马，坐雕鞍。飞鹰走犬，野水秋山。渴饮羊羔酒，饥餐鹿脯干。响箭手中惯捻。雕弓臂上常弯。宴罢归来胡旋舞，丹青写入画图看。某乃沙陀李克用是也。"

宋、元、明时，羊羔酒已经大放异彩。如北宋朱翼中在《北山酒经》中记述了羊羔酒的详细做法："羊羔酒：腊月，取绝肥嫩羯羊肉三十斤（三十斤内要肥膘十斤），连骨，使水六斗，入锅煮肉，令息软，漉出骨，将肉丝擘碎，留着肉汁。炊蒸酒饭时，酌撒脂肉于饭上，蒸令软，依常拌搅，使尽肉汁六斗。泼馈了再蒸，良久卸案上，摊令温冷得所，拣好脚醅依前法酘拌，更使肉汁二升以来，收拾案上及元压面水，依寻常大酒法日数，但曲尽于酴米中用尔。"明代李时珍在《本草纲目》中记述了两种酿制羊羔酒的方法，其一为北宋宣和化成殿真方："用米一石、如常浸米、嫩肥羊肉七斤、曲十四两、杏仁一斤同煮烂、连汁拌米、如木香一两、同酿。"另一法似是民间做法："羊肉五斤煮烂、酒浸一宿、入消梨十个、同捣取汁、和曲米酿酒饮之。"明代高濂在《遵生八笺》卷十二饮馔服食笺中羊羔酒条中也有类似记载。

说到这里，有一个问题需要搞明白，那就是，灵盐广大地区为主的鄂尔多斯台地，羊羔酒工艺的传承是怎么来的呢？这得从昭武九姓说起。

隋唐时期最有名的昭武九姓，大部分为粟特人，主要姓氏有曹、安、史、康、石、米、何、火寻、戊地等名族，隋唐史书称为"九姓胡""杂胡"。如前面提到的石敬瑭、石重贵就是粟特九姓之一，而晋王李克用，其先祖原本也是粟特人。

粟特人是最早的羊羔酒工艺创造者，同时与宁夏有深厚的渊源。

粟特人进入宁夏地区，最早在北朝时期。他们除了在宁夏南部的原州聚落，也在灵盐一带聚居。如在盐州发现胡旋舞石刻墓门、盐池苏步井昭武九姓何氏家族墓等就是例证。另外，据史书记载和近年考古发掘提供的信息看，在宁夏中北部，尤其是灵州，聚居的昭武九姓粟特人有数个家族：一是康姓家族。《新唐书·康日知传》记载："康日知，灵州人。祖植，开元时，缚康待宾，平六胡州，玄宗召见，擢左武卫大将军，封天山县男。"康日知于建中三年（公元782年）举赵州投唐朝，被封为会稽郡王。二是史姓家族。《旧唐书·史宪诚传》称："其先出于奚虏，今为灵州建康人。"此人是积功至"魏博节度使"的仕宦人，研究者认为是突厥汗国人，而非奚族，是粟特史姓的后裔。三是继史宪诚为魏博节度使的何进滔，也是灵武人。何氏后人何文哲墓志："世为灵州人焉。"其父何游仙曾任灵州大都督府长史，唐肃宗行灵武时保驾有功。这一家族也是典型的粟特人，来自河西。

大量的粟特人聚集在盐州灵州一带，加上唐德宗贞元年间，沙陀部落三万人最后来到灵州归顺唐军，灵盐节度使范希朝把他们安置在盐州牧居，使得他们将从可萨人那里学到的羔酒酿制工艺，一代又一代地留在了灵盐台地上。可以想象，粟特人、沙陀人在盐州、灵州一带休养生息，并利用上好的羊肉资源，酿造出了色泽白莹、入口甘滑的羊羔美酒，用来招待尊贵的客人。

后来，塞外的羊羔酒由宋太祖赵匡胤传入中原成为宫廷酒（据传赵匡胤为粟特后裔沙陀人），并在宋代都城流行起来，演变成立春日饮"羊羔酒"的新风尚。宋人撰写的《东京梦华录》中介绍一些酒店、商铺、小吃店时，就提到"羊羔酒八十一文一角"，这个价在当时算很贵了。大文豪苏轼也写过"试开云梦羔儿酒，快泻钱塘药玉船"（《二月三日点灯会客》）的诗句。

到了清代以后，即使羊羔酒在山西河南等地四面开花，但仍属塞外灵州的羊羔酒最为正统，被许多皇公贵族所惦记。《雍正朝汉文朱批汇编》第一册832页，记载了这样一条御旨："在宁夏灵州出一种羊羔酒，当年进过，有二十年宁夏不进了，朕甚爱饮，寻些来，不必多进，不足用时再发旨意，不要过百瓶，密谕。"此字条夹在年羹尧雍正元年（1723年）四月十八日的奏折中，皇上向臣子索要饮食，传出去有碍听闻，故以"密谕"形式传达。其实雍正还另有用意，以此表示亲密笼络之意。

《宁夏通史》记载，1874年以前，唐酿、唐谦兄弟二人在灵州城（今灵武市）灵文书院南巷内，以酿酒为业，专门生产羊羔酒。他们以笆篓为器具，大的可贮存百斤，小的可盛三五斤。凭借酿酒业的收入，唐谦聘请先生在家坐馆教书，培育后世。其子唐万寿聪慧好学，十九岁参加灵州会考，二十一岁赴京赶考，中拔贡，受到光绪皇帝赐宴，赏给朝服、靴帽等，宫赐直隶州通判之职。

唐家酿酒业也做得风生水起，气势磅礴。然而，至1911年，辛亥革命爆发后，清王朝镇压革命党，灵州古城生灵涂炭，唐家酿酒作坊被捣毁，经历几世的羊羔肉制酒便衰败了。岁月沧桑，人事轮转，唐家世传的羊羔肉酿酒工艺却再没有被拾起。

然而，唐万寿却将祖上制酒的秘方谨记下来，而且严格遵循祖训，将制酒配方传于第四代的唐瑄。二十世纪七八十年代，唐瑄的儿子唐世俊在灵武国酒厂工作期间，通过一个偶然的机会，他从一位史料研究员口中得知祖上酿制的灵州羊羔酒曾经得到过皇帝的御批。这一信息使得唐世俊埋藏在心里多年的愿望浮现出来。从二十世纪八十年代开始，他便踏上了艰辛的寻访、搜集、研究酿造羊羔酒的路子……

复盘古人的野味之争

"'师兄，这是你的好朋友么？我请它吃点腊野味吧。'

英琼说罢，便跑向洞内，切了一盘野味出来。那只白雕并不食用，只朝着英琼点了点头。神雕把那一大盘野味吃完后，朝着英琼长鸣三声，便随着那只白雕……"

这是《蜀山剑侠传》中的一个桥段，勾画了一幅江湖侠士旅食天涯的图景。

其实吃野味的场景，在古代文艺作品里经常出现，气氛渲染到一定程度，不吃点野味，似乎不够社会。

清代丁秉仁《瑶华传》中的人物，平日里吃杂粮太寡淡，那么吃野味寻找一下刺激吧，于是，瑶华对阿巧说："虽有杂粮，还须杂些野味，照前捻成丸子方可充饥。"阿巧道："婢子和公主到山中打猎去，自有獐狍鹿兔，打来也可作粉搀用。"

杂粮掺和着獐狍鹿兔等野味，再做成丸子，现在人都享用不了的美味，古人却只用来充饥。

翻阅四大名著，也有俯拾皆是的"野味"。

比如《红楼梦》中，凤姐向贾母、王夫人提议，不如带着姑娘们在园子里吃饭，王夫人觉得这主意不错，当即应允，并表示要钱，要东西，要新鲜菜蔬都有，"或那些野鸡、獐、狍各样野味，分些给他们就是了"。

古人走亲串巷，手里拎个野味就倍有面子，达官贵人过年不收礼，收礼只收豺狼虎豹。

《水浒传》有这样一个片段：宋江继任山寨寨主后，重新安排将佐职司，又命解宝兄弟改守山前第二关。三打大名府时，解宝兄弟扮作猎户，以献纳野味为名混入城中，充为内应。解宝本为登州猎户，扮猎户充内应算是本色出演。

像"献纳野味"这样的情景，对于风华大宋来说，只是冰山一角。

《梦粱录》中描写杭城，熙来攘往，毂击肩摩，百姓们急吼吼地奔往食店争购辣野味、清供野味、野味假炙、野味鸭盘兔糊等，可谓一大奇观。

中产阶级如此青睐野味，风气也是从皇宫里传出来的。据《宋会要辑稿》记载，大观二年九月二十一日，为了迎接徽宗诞辰日的到来，京都地区军县镇城寨大设御筵，"烹宰野味，不可胜计"。

"献纳野味"的风气一直延续至明清。朱元璋御制大诰，要求各地岁进野味，结果上演了一幕幕黑色幽默剧：湖广原本进鹿，改写进麂。江西本进天鹅，改写天雁。有些人在运送的过程中，作弊的手法花样百出，"以死易活进，以肥易瘦，以微抵巨"，或者干脆将活物宰食，只献纳一张皮。更搞笑的是，光禄寺每年腌制鱼所需的原料均来自龙江河泊，有趣的是，一条鲟鱼进到寺里，只剩下中身一块，首尾被所进者砍下存为己用。

明景帝时，从河间采来的野味、海口造制的鱼干都是要进献宫廷的。明正德十年，各处敬献的野味共一万四千二百五十只。弘治年间，这个数据略有增长，野味共计一万四千四百九十四只。

明成化年间，西北凉州一带，为了给皇上敬献野味，分守中官张昭冒着被元军偷袭的危险，率兵出境捕杀虎豹及诸多野味，为此，甘肃巡抚曹元奏请阻拦："官军出境寻捕，万一遇警，所系不细，乞即停止。"只可惜上面人不听，"仍责镇巡等官依时采取野味，造办如先年例，土豹捕二三十只，以渐遣人入献"。（《明实录·武宗实录》）可见野味的诱惑力是何等之大。

也许有人会问，古人为什么那么爱吃野味？掠杀兽禽，真的就没人管制吗？

殊不知，在古代，地荒人稀，野兽出没，时时会给人畜造成极大的危害，所以，在很长一段时期内，捕猎是受激励的。自汉以来，政府曾颁布奖励搏杀豺虎的法令，《汉律》中说，捕豺赏百钱，捕虎三千，其豹减半。后来历朝历代均有各种律令出台，鼓励老百姓捕杀野物，狩猎也就此成为一种风俗，比如忌逢七出门，每月初七、十七、二十七便可上山。到了山上遇到神庙要叩拜，行猎的时候，忌唱歌、忌吵闹、忌大声说话……猎户在古代渐渐形成一个特殊社群，而那些能捕擅捕者，更成为方圆十里受人爱戴的"香饽饽"。

不仅如此，古人在野味的吃法上，形成了独有的文化。《吕氏春秋》中将野味称本味，并通过大量猎食，总结出了一套本味经，"肉之美者，猩猩之唇，獾獾之炙，隽燕之翠，述荡之腕，旄象之约，流沙之西，丹山之南，有凤之丸，沃民所食"，意思是认为天下最美的肉，莫过于猩猩的唇、火炙的玃、肥燕的尾……

话是这么说，但普通老百姓并非天天能吃上野味。

比如唐代有钱人和贫寒阶层的消费就不在一个档次上。官僚贵族们天天山珍海味、美酒佳酿是稀松见惯之事。初唐著名文士阎邱均曾记录过宁王私人家庭食味盛宴，"尚食所料水陆等味一千余种，每色瓶盛，安于藏内，皆是非时瓜果，及马牛驴犊獐鹿等肉，并诸药酒三十余色……又非时之物马驴犊等，并野味鱼雁鹅鸭之属，所用铢两，动皆宰杀，盛夏胎养，圣情所禁"（《旧唐书》）。

注意，"野味鱼雁鹅鸭之属"已经是唐代土豪家宴上的标配了。相比之下，其时平民，多数仅能勉强维持温饱，还有相当一部分人的日子是怎么过的？读过与阎邱均同时代的杜甫的诗歌，就知道"朱门酒肉臭，路有冻死骨"是怎样的一种凄切了。

一直以来，人们大赞野味好吃的同时，反对的声音也不绝于耳。下面讲一些例子，以窥古人的野味观。

唐人《女孝经》载，楚庄王沉迷于游畋，不理朝事，其夫人樊姬拒吃野味，庄王幡然醒悟，为之罢猎。通过这个故事，可以看得出，一千多年前的女孩子觉悟真高，规劝丈夫，放下箭弩，多行道义，做一个崇尚自然的动物保护主义者。

作为详细记述元代宫廷御膳与民间饮食疗法的《饮膳正要》，出现了"食物中毒""禽兽变异"等内容，可见古人已经相当重视饮食与病疫的关系。

元代孔克齐在《至正直记》中向人们警示，别吃那些糟辣之物，所谓糟辣之物，是指糟姜、胡椒及炙之味，还有蒜、盐物等，至于野味，比如像鹿、獐、玉面狸、山鸡之雄者、鹌鹑、斑鸠之类，孔先生表示他不多食，即使是牛肉，也"遗命子孙勿食"。在饮食上，一定要遵循"不食邪味，不听淫声，不视恶色"的原则。为此，他讲了两则胡吃海塞遭报应的例子：例一，海边有一妇女，经常吃螺甲之属，结果怀孕了，生下一个"似螺而大，且无骨"的怪物；例二，上埠有一妇人，剥完笋没有及时洗盥，于是怀孕了，结果"后产蛇妖而死"。

明代文学家、养生专家高濂明确提出反对食野味的主张，他认为，但凡远离人类的珍品、沟壑野味，通常携带剧毒，可愚昧的人们啊，为了悦口充肠，却不晓得其中的利害。好在明代人们已经意识到了毫无节制地猎杀，对生态的破坏将致人类于万劫不复的境地，正所谓"捕野味治薪炭虐害多端"。

除了前面提到的明太祖、明景帝、明正德、明宪宗，不是所有大明王朝的皇帝都只顾及满足私欲。

明仁宗时，因涌入深山老林的"棚民"越来越多，保护生态被提上日程，于是政府规定："山场、园林、湖泊、坑冶、果树、蜂蜜官设守禁者，悉予民"。

将黄鼠作为贡品始于元朝，一直到明代仍在延续，顾炎武在《昌平山水记》中记载，洪熙元年闰七月，守居庸关的沈清将军向皇上献黄鼠，本想讨好，结果遭到训诫："卿受命守关，当练士卒，利器械，而献鼠何邪"，随即下诏禁献黄鼠。

世宗即位之初，将进献的珍稀动物放回大自然，"纵内苑禽兽，令天下毋得进献"。

穆宗于隆庆元年下令，"禁属国毋献珍禽异兽"。

显然这些君主已意识到竞相敛取禽兽，不仅有悖于自然，而且还会在政治上带来诸多负面作用。

古人为了惩戒那些在饮食上没有敬畏之心的人，创作了大量的具有奇异色彩的作品。比如《太平广记》中，有个老和尚天天吃猫头鹰，无论出家人还是老百姓都对他有非议，老和尚却一直不改。

有一天，老和尚再次吃起了猫头鹰，一个穷汉向他乞讨，他便分给对方两只脚。

和尚吃完去洗漱，两只猫头鹰从嘴里窜了出来，一只能走路，一只因为没有脚而卧在地上。

穷汉见状，连忙将吃进去的两只脚吐在地上，也变成了猫头鹰。

和尚大惊，从此以后再也不吃野味了，甚至戒绝了一切肉食，赢回了众人对他的敬重。

文人李渔对饮食颇有心得，而且对野味颇有见解，他认为："野味之逊于家味者，以其不能尽肥；家味之逊于野味者，以其不能有香也。家味之肥，肥于不自觅食而安享其成；野味之香，香于草木为家而行止自若。是知丰衣美食，逸处安居，肥人之事也；流水，高山，奇花异木，香人之物也。"（李渔《闲情偶寄》）

这段话的意思是，野味难吃，根本不如家味，他说，"吾为饮食之道，脍不如肉，肉不如蔬，亦以其渐近自然也"，吃野味会迷人心窍，正所谓"以肥腻之精液，结而为脂，蔽障胸臆，犹之茅塞其心，使之不复有窍也"。在他看来，就算是蔬菜，也比肉好吃多了，做一个亲近自然、拥抱自然的江湖隐士比什么都好。

君王贵胄与宰执宴集

现代人聚餐，说聚就聚，不是什么新鲜事。然而古人聚餐，却大有说头，一群人攒集在一起，不完全是为了填饱肚子，还要追逐圈层经济，要确立等级观念，要论修行，要践行美食哲学，而且还要排除各种可能的尴尬和孤独，于一饭一蔬中体现种种礼教。

古人聚餐不叫聚餐，而是叫"会食"，意思是相聚进食，从皇上到宰执，从雅士到僧居，从军营到学堂，从家国到宗族，凡是会食均被制度化，皇上开完早会，想溜？对不起，高桌大椅伺候，吃了工作餐后再走，这种风气发轫于汉，兴于唐，以致后来由京城至各州县逐级官府，都纷纷设立公共食堂。

不过一旦远离了庙堂，文人僧侣会食，便有了江湖味道，也有了苟且的资历，诗与远方，是生活也是梦想，是一时流殇，也是四季寻常……

人类是群聚性动物，少则几人，多则一个大集体一起用餐，符合自然法则和生存规律，但真正称得上筵席式的会食，自人类文明和国家诞生以来才有。

早在周朝，群臣宴饮是一道风景，一边听乐歌，诵《诗经》，一边采桑狩猎伐木，与民同乐，更是一种乐天本心。

春秋时期，人们会食时坐在苇蒲编织的席上，在礼数上也是非常严格的，包括坐次、坐姿以及禁忌事项。即使是王室，日常会食也极为苛刻，一旦粗心大意，可能会闹出人命来，如春秋"吴王阖庐有女。王伐楚，与夫人及女会食蒸鱼，王尝半，女怨曰：'王食我残鱼，辱我，不忍久生！'"（《吴越春秋》）

这是一场典型的家庭会食引发的惨案，原因是女儿埋怨父亲吃鱼吃一半，在礼教的迫胁下，自尊心受挫，于是选择了自杀。那么吴王为什么"尝半"？也许鱼不合他的胃口，尤其对于一个喜欢吃咸鱼干的人来说更是如此。阖闾是一个"食不二味"的人，出于节俭，也可能由于父爱泛滥，吃一半后把另一半的鱼留给女儿……只是女儿不懂老爹的用心。所以，女儿死后，阖闾非常悲痛，"葬于邦西昌门，凿地为女坟，积玉为山，丈石为郭"，而且到了为女儿送葬那一天，阖闾令人一路舞着白鹤，爱看热闹的市民一直跟随到墓地，结果全部被赶进了地宫，成了殉葬品。

在那个大口吃肉大口喝酒的战国时期，贵胄王爵以实际行动践行着"以食会友"的初心与使命，最为典型的当数齐国贵族孟尝君，依仗父亲留下的丰厚资产，在封地薛邑广招各国人才，门下有食客数千。此人的待客方式非常别致，只要他看上的人，不分贵贱一律一视同仁。据说他每次会食，击鼓集客，《唐宋分门名贤诗话》记载，"青州隆兴寺中殿前庑下，西边有水台，台上以架悬一小鼓，相传乃孟尝君故宅，鼓乃集客会食之用"，看来不假。不仅如此，每次会食时在席后置一屏风，安排秘书躲在后面全程记录席间谈话内容，通过谈话，第一时间获取宾客住处信息，没等客人走远，田文的抚慰礼物已经送到府上。真可谓史上最贴心最出其不意的"售后服务"了。

春秋战国时已有"公膳"制度，但只有国君、卿、大夫等高级官员才能享用"肉食"，这个制度一直延续到魏晋南北朝及唐宋。唐朝才子崔元翰最早在《判曹食堂壁记》中揭秘了大唐政府设置干部食堂的初衷："古之上贤，必有禄秩之给，有烹饪之养，所以优之也。"

唐太宗为了克定天下，鼓励官员勤政，"日出而视事，日中而退朝"，早晨还管一顿早点，即朝食，百官会食于廊庑之下，颇为壮观。此举被京城与州县各级官府纷纷效仿，设立公厨（公共食堂），形成制度，以供官员会食。

即使工作餐没有肉食，但对于家境差的官员来说，毕竟是免费的，不吃白不吃。相反，有一些官员则设法逃避，估计是受不了饭前的种种客套，据说入食堂时，要求每个人"威仪齐肃，次第而坐"。

有人记录了唐代官员会食时的情景，"每公堂食会，杂事不至，则无所检辖，惟相揖而已……又序行，至食堂门，揖侍御史。凡入门至食，凡数揖"。（唐·赵璘《闲话录》）瞧瞧，吃个饭，繁文缛礼真不少。

原则上讲，用公膳时只有皇族王侯才有资格与皇上一起会食，这无可厚非，但也有闹出尴尬的时候，比如赵璘在《因话录》中记录了这么一个故事：上又与诸王会食，宁王对御坐喷一口饭，直及龙颜。上曰："宁哥何故错喉？"幡绰曰："此非错喉，是喷嚏"。

说有一次唐玄宗和诸王聚餐，哥哥宁王李宪坐在他对面，打喷嚏时不小心将饭粒喷了出去，溅到了皇上的脸上，风趣幽默的宫廷乐师幡绰赶紧站出来打圆场，说宁哥不是将饭粒卡在气管上，而是打喷嚏。

在古代，作为百官之长的丞相、相国、宰相、首辅、首相、宰执们，是一个特殊的群体，他们既不能混到皇家饭桌上去，但也不能和下官一起随便吃喝，正所谓"宰相会食，百官不得谒见"。因此，这一群体的行政首脑，有独立的会食空间。即使他们同在一个空间用餐，也有许多条条框框。

比如唐代宰相会食，不能随意，人到不齐是不能开饭的。《东观奏记》记载："宰臣将会食，周墀驻（白）敏中厅门以俟同食。敏中传语墀：'正为一书生恼乱，但乞先之。'"这段话讲了周墀站在门厅等白敏中一同聚餐的情景。这二人均为宰相身份。

当然，也有凑不齐的时候。贞元二十一年三月，韦执谊与诸相会食于中书，这时下棋高手王叔文求见，起初韦执谊有所顾虑，但最终还是破了规矩离席而去，跟他一起吃饭的杜佑（诗人杜牧的祖父）、高郢、郑珣瑜皆停下筷子等待，过了好久，才知道韦执谊已经和王叔文"同餐阁中"了，这让郑珣瑜很生气，愤而离去……从这个细节看出，郑韦二人政见不同，互相埋恨。

在宋代，皇宫宰执们吃饭时，各就各位，不许窜岗。《使燕日录》记述："堂后一船斋通过，接一大堂，即宰执会食处。堂东面南一位，左丞相位；堂西面南一位，右丞相位。"

北宋有两位执掌相府的人，寇準和司马光，二人在会食风格上各有千秋，寇準豪迈骄奢，而司马则节俭。

北宋王辟之在《渑水燕谈录》讲述：有一次会食的时候，参知政事丁谓，看见寇大人胡子上沾了点汤汁，赶紧用衣袖帮他擦了擦。本来是想拍一下马屁的，谁知寇大人不喜欢别人动他的胡子，于是发起飙来，当众讥讽"参政国之大臣，乃为人拂须耶"，这让丁同志很没面子。

司马光的节俭是出了名的，他与一批平均年龄74岁的退休老干部，包括做过宰相的文彦博、富弼、范纯仁等人，退居洛阳，轮流坐庄办起了"真率会"，约定"酒不过五行，会食不过五味，唯菜无限"。其实就是吃吃喝喝，聊天赏花，闲暇光阴，编编《资治通鉴》罢了。

文彦博，北宋时期著名政治家、书法家，与寇准和司马光不同的是，他两次担任宰相，出将入相长达五十年。他退休后，混在司马光组织的会食游戏中，轮到他坐东请客时，什么五行、五味，规则全变了，"携妓乐就富公宅，作第一会""每宴集，都人随观之"，就连酒的档次也提高了，虽不是茅台、五粮液，也不是拉菲、伏特加，但也是宋代最时髦的羊羔酒……

明里会食，暗里争高低；越是位高权重，斗争愈加凶险。

明代政治家、文学家夏言官至首辅，后来被严嵩诬陷，渐渐失宠，终被当众处死，年六十七岁。

二人早在共事会食时就为悲剧埋下了伏笔，据说夏言"家富贵"，"服御膳羞，如王公故事"，每次会食时，不吃单位食堂里的饭，而是从自家带来酒肉，"俱家所携酒肴甚丰饶，什器皆用金"，就连盛菜用的器物都是用金子做的，这简直就是拉仇恨。

与这样一位爱炫富的同事相处，严嵩只能默默躲在角落里吃大锅饭，正所谓"寥寥草具，各自为馔"。

在清代，有两个在历史上举足轻重的人物——曾国藩与李鸿章，这师徒二人也因吃饭问题而心起芥蒂。

清人李伯元《南亭笔记》记载："文正（曾国藩）每日黎明，必召幕僚会食，李（鸿章）不欲往，以头痛辞，顷之差弁络绎而来，顷之巡捕又来，曰：'必待幕僚到齐乃食。'李不得已，披衣而赴。文正终食无语，食毕舍箸正色谓李曰：'少荃既入我幕，我有言相告：此处所尚，唯有一诚字而已。'语讫各散，李为悚然久之。"

李鸿章不想参加曾国藩召集的集体会餐，便谎称头痛，结果被老师一眼看穿，并厉声教训了一通。李为人非常精明，没想到在这种小事上犯了糊涂，真是不应该啊。

会食往事知多少

抛开君臣不说，在古代，社会家庭也都有自己专属的宴饮模式，这类乡饮多敦崇礼教，倡导仁义礼智信忠孝，兄友弟恭，各相劝勉，内睦宗族，外和乡党……

乡饮酒礼会食制度，有人论证起源于氏族聚落，并逐渐成为先秦古制遗风。后来，演变成族人定期举行的一种聚会，其目的在于"以饮食之礼，亲宗族兄弟"。会食的次数灵活掌握，可以一年四会食、三会食、二会食，甚至一会食不等。

早在周时，尹氏家族会食人数多达千人，即使遇到饥荒之年，"吮糜之声闻于数十里"，全族老幼，协作互助，共渡难关，就连修仙升天这样的事也是人人有份，正所谓"祖孙兄弟登仙，及三世四世五世登仙，四人六人七人登仙"（《广卓异记》）。

唐代，官僚士大夫家庭实行"同居共财"，粮食、布匹、财物统统"莫蓄私"，这种情况下谁想藏点私房钱是不可能了，因此，"同炊合食"模式应运而生，一家人在一起只能吃"大锅饭"，例如唐代崔玄玮家"三世不异居，贫寓郊墅。群从皆自远会食，无它炊"。凡族中贫孤者，抚养教励，通过会食起到扬善抑恶知荣明耻的作用。

崔玄玮三世不异居，与九世同堂的张公艺相比，简直就是小儿科了。

张公艺自幼聪慧，博通经史，睿识超人，以治家有方而名垂青史，在他的主持下，张氏家族出现了"九世聚族同居，眷属九百口，住房四百区，依然合产共爨，每旦鸣鼓会食，群座广堂，髫髦未冠，列入别席，内外礼让，上下仁和"的罕见局面，展现了朴素和谐的家庭风貌。不仅如此，就连他家数百条狗，也效仿会食古风，缺一不食。

唐代家庭会餐，非常注重用餐人的仪容、举止、行为、作风等，说到底，就是德行问题。

大文学家郑浣以俭素自居，生活十分简朴，对家人要求也很严格。有一次，他和堂侄一起吃饭，只见堂侄拿起一张饼子，撕掉最上面的一层皮才吃，这个举动让郑浣非常生气，他表示，只吃里层不吃外层，这样太"骄侈自奉"了，比那些纨绔子弟还要浪费。说完，郑浣将堂侄扔掉的饼子皮捡回自己吃掉了。通过这件事，郑浣觉得堂侄不堪任用，于是将其遣送回乡了。

到了宋代以后，同为一家人，男女会食分开来坐，而且席间增添不少互动项目。

罗大经在《鹤林玉露》中记载了"了翁孙女"的典故：南宋时针灸家陈了翁与家人会食，要求"男女各为一席食"，为了活跃气氛，饭后，陈了翁提出一个问题请家人回答："一日问曰：'并坐不横肱，何也？'其孙女方七岁，答曰：'恐妨同坐者。'"这句话的意思是说，为什么和别人坐在一起时手肘不能横摆在桌上呢？7岁的小孙女回答说："为了不妨碍坐在旁边的人。"由此可见，古代书香门第的家庭会食，其乐融融，风雅可鉴。这场面让人想起谢安在寒冷的雪天举行家庭聚会的情景。

明代山西潞安府雄山乡东火村仇氏兄弟，在累世无达官显贵的情况下，进行齐其家、化其乡的活动，为家族赢得了权威和声誉。在家族会食制度上，已经不是男女分桌的问题，而是分堂分屋了，据《仇氏家范》记载，"建同心堂以为男性会食之所，建安贞堂以为女性会食之所"。

明朝韩邦奇在《苑洛集》也有类似记录，"男之会食则于同心堂而安贞堂则女之会食之所也"。这样做势必有利于规范族人、教化乡人，使得族内上下和亲而不相怨。可惜的是，仇氏家族的兴盛并未一直延续下去，到明末已经寂寂无闻，亦无名人出现。

同样是会食，在寺院叫"过堂"。寺院中每天两次过堂，早、午斋各一次，"每撞钟而会食"，并形成一种仪制不断传承。寺院会食，不同于高远的庙堂，也不同于普通宗族，规模小到两三人，大到数千人不等，又因是净地，所以为佛门赋予了某种特殊的气息。

自古以来，具有超凡情怀的文人墨客和士大夫们都有山居的雅兴，喜欢与僧侣交游会食，将人生的慰藉寄予山斋清供，将作诗咏物、品茶论道、跏坐谈禅视作心性修为，通过结社、读书、讲学等方式，亲贤怀远、闻达天下。倘若攀谈投机，下山时往往还能得到僧家馈赠的礼物。

如公元 752 年，李白与侄儿中孚禅师在金陵栖霞寺会食，中孚以仙人掌茶相赠，李白遂作《答族侄僧中孚赠玉泉山仙人掌茶》一诗为其长脸。明代李日华在他的茶书中记载游完普陀寺后的收获："普陀老僧贻余小白岩茶一里，叶有白茸，沦之无色，徐饮觉凉透心腑。僧云：'本岩，岁止五六，专供大士僧，得啜者寡矣。'"老僧的话，颇有饥饿营销的意思。

古人会食因群体特性不同，会食的目的与意义也不尽相同，比如打仗之前击鼓会食，为的是激励官兵的斗志。

当年韩信摆背水阵破赵，战前动员诸将，"今日即破赵，且不必会食，暂令三军传食少饭，待须臾破赵后会食也"（《汉书·韩信传》）。

《太祖实录》载，吴元年六月某日，张士信与朱元璋会战前，与参政谢节等会食于城上，不料"左右方进桃，未及尝，忽飞炮碎其首而死"，这堪称风险系数最高、结局也最为悲惨的一场会食。

康熙十四年，平凉提督王辅臣叛乱，康熙帝派图海平反，宁夏总兵官陈福从灵武前往平凉策应，某日驻扎在盐池惠安堡城下，响应"五鼓会食"军令，食羊肉汤，驱寒养胃，大振士气……

第四辑 退食后

也议瘗鹤葬花

古人先有瘗鹤之风，后至明清，葬花也成瘾，被时人共举为风雅之事。

读清代昆山学者龚炜《巢林笔谈》，其中"瘗鹤葬花"一条讲："冯具区瘗鹤先墓旁，表曰'羽童墓'，自为铭。朱学熙以古窑器葬落花于南禺，黎太仆为作《花阡表》。二事有清致。"

按，冯具区，即明末文人冯梦祯，关于冯氏葬鹤一事，在其《快雪堂集》一书中有记述，大意是本鹤系冯养于嘉兴拙园的一只爱宠，名为雪奴。"移畜此鹤于武林途中困厄而毙死"（杭州旧称武林），雪奴死于拙园去孤山草堂的途中，之后被冯葬于"先墓旁"。

葬鹤的风气至少可以追溯至魏晋，名震天下的《瘗鹤铭》就诞生于这个时代。一位书法家养的鹤死了，埋后写了篇铭文纪念。全文一百来字，却被黄庭坚赞为"大字之祖"。传为陶弘景书，又有人说王羲之书，因为王爱养鹤。

龚炜《巢林笔谈》"瘗鹤葬花"条目中提到的朱学熙也是明末广东人，黎太仆即黎遂球，也是广东人。前者葬花，后者著文吹赞。大概是将花葬在古窑器里，也算是一种创新吧。朱系明代万历年间举人，后参与抗清的巷陌之战，兵败衣冠自缢。

黎太仆与朱有相似之处：都是抗清文人，清军攻破南京南门，黎遂球率数百义兵与之巷战，身中三箭，壮烈殉国。因而黎撰《花阡表》〔全名《南禺妙高峰花阡表》，见于黎遂球（1602—1646年）的《莲须阁集》（卷二十四）〕，看似为他的同代士子朱学熙的清雅风度点赞，实则在精神气质上惺惺相惜。黎先生受葬花世风影响，还写过《花底拾遗》，以散文的笔触，论述了花与美人之间的逻辑关系。

不仅如此，朱的葬花风雅之举，影响了后世诸多士子，晚明著名的小品文作家王思任为此写了《题朱叔子花阡》《又为朱叔子题花阡》两篇文章。从这个意义上讲，曹雪芹写《红楼梦》黛玉葬花的段子，也并非空穴来风。

反观之下，类似瘗鹤葬花之事发生在当下，恐怕也会被人视作异类。即使打上行为艺术的名头，也会被讥笑。别人笑我太痴狂，我笑别人不知道。

蝙蝠伤人为子仇

早在一千七百多年前，有个叫葛洪的炼丹师写下了这么一句话："千岁蝙蝠，色白如雪，集则倒悬，脑重故也……阴干末服之，令人寿四万岁"。

蝙蝠，原本是一种普通的小动物，春秋战国秦汉晋以来，随着玄学、医术、经方、仙技等方法论的涌现，"翼手族"被人们从幽洞里推出，绑上历史的前台，进石灰窑，入青铜炉，氤氲之气笼罩着古老的中国大地。这就意味着，可怜的蝙蝠被人类盯梢，将其奉为圭臬成为不争的事实。一直到现在，这股妖冶的鬼魅恶习仍在延续。

伤人的红蝙蝠与成仙的白蝙蝠

据说蝙蝠的种类有九百多种，颜色也是五花八门，王子年《拾遗》有"有五色蝙蝠"的记载，这也是一种修辞的说法。其中红蝙蝠，按照常理判断是毒性极大的一类，相当于吸血鬼级别的了。《北户录》记载："红蝙蝠出陇州，皆深红色，惟翼脉浅黑，多双伏红蕉花间，采者若获其一，则一不去，南人收为媚药。"

相传长春真人丘处机曾在陇州龙门洞修道，想必是利用这里的红蝙蝠给自己营造特效。

《酉阳杂俎》云："南中红蕉花时，有红蝙蝠集花中，南人呼为红蝙蝠。"有毒的红蝙蝠专挑有毒的红蕉花作为栖息的据点也是别有用心，真可谓毒上加毒，无药可解，怪不得古人说"断肠红蕉花晚、水西流"。

红蝙蝠虽说可恶，但也添福，古人观察，红蝙蝠通常会成双成对地伏在红蕉花间，比如岭南有一种红蝙蝠，"出入必双，人获其一，必双得之"，无风独摇，有风男女相媚好，多迷人，好浪漫啊。

还有一种白蝙蝠，绝对是仙儿级的。相传老子李聃修炼的时候，山洞里住着百十只白蝙蝠，其中一只经他点化，幻化成一位集多种方术于一身的靓男子，老子命其名为张果。后来，人们称张果为白蝙蝠精。历史上张果确有其人，他是明皇开元二十二年三月的银青光禄大夫，自称通晓神仙术。死后，有好事者传言张果尸解得仙，成了中国好神仙。对于张果是蝙蝠精的种种传闻，明末清初学者董含说，成仙之事"似未足据"，清代学者周亮工也不以为然，认为"太可笑了"。

李白自视诗仙，所以一辈子在搜罗给自己加持仙气的素材。天宝年的某一天，当他听说荆州玉泉山有白蝙蝠时，便离开长安跑过去察看，发现传言属实："白余闻荆州玉泉寺近清溪诸山，山洞往往有乳窟。窟中多玉泉交流，其中有白蝙蝠，大如鸦（一作鸭）。按仙经蝙蝠一名仙鼠。千岁之后，体白如雪，栖则倒悬。盖饮乳水而长生也。"随后，他从山上来到金陵与族侄僧人中孚相遇，获赠产自玉泉山的仙人掌茶，为了答谢中孚的友好，他写下了《答族侄僧中孚赠玉泉山仙人掌茶》，其中开头两句是，"常闻玉泉山，山洞多乳窟。仙鼠白如鸦，倒悬清溪月。"

关于蝙蝠的仙佛鬼怪奇幻录

鉴于蝙蝠的种种关系，加之其形象狰狞可怖，所以其一直成为仙佛鬼怪魑魅魍魉之属反复用来比拟、借代、变用、摹绘、象征、神化的意象。用朱自清的话讲，可谓穷尽了"中国文法的花样"。

比如僧道与蝙蝠的关系，相互渲染、烘托，彼此加持、借力。所以，不论是现实中还是影视剧里，经常会见到佛僧道士与黑压压的蝙蝠同栖于荒野败寺的情景。

相传集结于迦湿弥罗城的五百位阿罗汉人，前身就是五百只蝙蝠，《大唐西域记》有这方面的记载："南海之滨有一枯树，五百蝙蝠于中穴居。有诸商侣止此树下，时属风寒，人皆饥冻。聚积樵苏，蕴火其下，烟焰渐盛枯树遂燃。时商侣中有一贾客，夜分已后诵阿毗达磨藏，彼诸蝙蝠，虽为火困，爱乐法音，忍而不去，于此命终。随业受生，俱得人身。舍家修学，乘闻法声，聪明利智，普证圣果，为世福田。近迦腻色迦王与胁尊者招集五百贤圣，于迦涅弥罗国作毗婆沙论，斯并枯树之中五百蝙蝠也。"

在苯教《蝙蝠经》中，蝙蝠扮演着沟通神人之间的使者和证人的角色。到了中国文艺作品中，蝙蝠之于钟馗，成了能通人鬼阴阳的好助手、好向导，钟馗每一次下到阴曹地府捉鬼，都需要他来导航带路。哪里有鬼，他就把钟馗引到哪里，"跟着蝙蝠，领着阴兵，浩浩荡荡早已到了阳间……"他们在捉鬼界是一对好搭档。

史书上记载有关蝙蝠的奇幻事儿也不少。试举如下例子。

《异物志》讲："蛙虺鱼因风入空木，而化为蝙蝠。"这跟《大唐西域记》说的一样。

旧唐书载，代宗大历八年九月，神策将张日芬从空中射下一只大鸟，献给了皇帝，"肉翅狐首，四足有爪，爪长四尺三寸"，应当是巨型红蝙蝠。

另，唐代笔记小说《朝野佥载》载，"怀州刺史梁载言昼坐厅事，忽有物如蝙蝠从南飞来，直入口中，翕然似吞一物。腹中遂绞痛，数日而卒"，这么一个大活物吞进肚中，神仙也会死。

《酉阳杂俎》载，唐中宗李显梦见自己变成了一只鸟在飞，瞬间数十只蝙蝠纷纷坠地，醒来后他紧急召见万回僧解梦，僧说陛下天命已到，果然"翌日而崩"，驾崩了。

宋人朱辅著有《蛮溪丛笑》，说湖南苗乡麻阳山有红色蝙蝠，长了一对肉翅，大如野狸，"妇人就蓐，藉其皮则易产，名飞生"。原来蝙蝠皮有助产的作用。

另据明代王济《君子堂日询手镜》记述，"有物状如蝙蝠，大如鸦，遇夜则飞，好食龙眼。将熟时，架木为台於园。至昏黄，则人持一竹，破其中，击以作声骇之，彻晓而止，夜复然。彼人呼为飞仓"。大如鸦不大，书上有记载大如车轮的。纪昀《阅微草堂笔记》记载：北河总督署办公场所有五间房，常年被蝙蝠所据"大小不知凡几万,一白者巨如车轮……"《抱朴子》有言:活到一千岁的蝙蝠才会变成白色。

《幽冥录》中记录的情景就有点悬疑了,说淮南郡有怪物夜间出来专剃人的头发,搞得人心惶惶,太守朱诞想了个办法,"多置《黍离》以涂壁",结果当天黄昏,便有鸡般大小蝙蝠数只扑在墙上,自投罗网,"杀之乃绝,屋檐下已有数百人头髻"。想不到《黍离》还可以当作幽冥符,破解神鬼异界密码。

《夜谭随录》载,有一位将军,深夜读书,忽见一物,类蝙蝠,直愣愣地冲着灯扑来,将军情急之下,挥手一拍,此物咣当一声坠地,仔细一看,变成了一只大眼睛,在地上旋转不停,久之方灭。

纪昀《阅微草堂笔记》中记载,内阁大学士札郎阿家有一小婢,脖子上生一疮,结果疮中飞出一只白蝙蝠。类似的例子不胜枚举。

警示人类:食用蝙蝠与报应论

说到这里,不得不提到药食之与蝙蝠了。

一千多年前,那位叫葛洪的妖师就没开个好头,说吃蝙蝠能增寿四万岁,陶弘景说,经常吃蝙蝠"令人喜乐,媚好,无忧"。此后,像《灵枝图说》这样的书,都跟风误导,说"蝙蝠,服之寿万岁",使得蝙蝠被划为千岁燕、千岁龟、万岁蟾蜍、山中小人等大补方阵,但凡想长生不老的人,都要将蝙蝠捉来合一下剂,渐渐地,因了药食同源的原则,蝙蝠终究绕不过一锅鼎沸。

唐代韩愈被贬至潮州时，见到当地群众嗜食蚝、鳖、蛇、章鱼、青蛙、江珧柱等几十种异物，大为惊异，害怕得"臊腥始发越，咀吞面汗骍"。苏东坡吃过后，写下了"土人顿顿食署芋，荐以薰鼠烧蝙蝠"的句子。南宋周去非在《岭外代答》里记录了溪峒人不问鸟兽蛇虫，不论好与丑，统统抓来食之，可见粤人饮食习风杂驳，着实令人瞠目结舌。

当然，随之而来的，便是食用蝙蝠的报应论。

据《续博物志》载，宋人刘亮用白蝙蝠合丹药，服之立死。又陈子真获大蝙蝠，食之大泻而死。清代笔记《夜谭随录》：相传明朝某王子，出侧室，性残忍，"捕燕雀蝙蝠生煎之，俾焦黑，蘸椒盐以佐酒"，结果病瘵瘵而死。郑暄《昨非庵日纂》称蝙蝠能识母气，说眉州有个姓鲜的人，捉来一只蝙蝠，晒干做成药引吃了，结果"有数小蝠团聚于上，目皆未开，盖识母气而来也"。康熙福建巡抚李斯义读了这段旧闻笔记后掩卷泪涔涔，感慨地说，"蝙蝠识母气而来，可见母子一气同体"，他提议，"生死相关，故断不可以生命合药"。他认为这种杀生的行为是非常残忍的，并发誓，即使自己或家人病了，也"永不复食，以当忏悔"。

是啊，蝙蝠固然有药用价值，但增寿万年、千年，还是五百年，只是传说而已，断不可滥杀无辜，涂炭生灵，应该像明代医家裴一中所言，"心不近佛者，宁耕田织布取衣食耳，断不可作医以误世"。倘若做不了一个佛者，也要做个善者，不害人害己，不惭不愧，悦眸净心。

世间有蚊虻蟆蚁虱蜂蝎蛇虺守宫蜈蚣蛛蟓之虫，又有枭鸱鸺鹠鹗鸲鸹蝙蝠之禽，及有虎狼豺豹狐狸蟊駮之兽，又有猫鼠猪犬扰害之类，等等，凡是翎毛草虫花果者层出不穷，何其兴衰。

黑格尔说了，存在便是合理，物竞天择，适者生存，倘若大家安好，日日是晴天。然而自从有了贪嗔痴爱的人类，种种规则被打破，人与自然的大戏开演，是非好坏、长短曲直、黑白本末幽绵不绝，晴天不再安好，岁月何谈静美！

从自然主义的角度出发，蝙蝠之于人的哲学关系，古人把话说尽了，正如明代剧作家徐元在其作品《八义记》中所言，"蜘蛛结网最贪求，蝙蝠伤人为子仇，试看两般奇异物，冤冤相报几时休"。

明代是如何应对瘟疫的

在古代，各种大规模暴发的瘟疫时有发生。就拿明代来说，二百七十六年间发生了七十五次较大范围的瘟疫。除了痢疾、伤寒、疟疾，鼠疫也大面积流行。加之旱灾、蝗灾、涝灾、地震、雪灾、盗匪等灾祸，使得明代财匮力尽，百姓罢敝，民不聊生。

"大荒之岁，必有疾疫"，每一次瘟疫来袭，注定民众死亡无数。

据《明实录》载：永乐六年（1408 年），江西、福建等地因瘟疫死亡 78400 余人；永乐十一年（1413 年），浙江归安等县疫死 10580 余人；正统十年（1445 年），浙江绍兴、宁波等地疫死 34000 余人；景泰四年（1453 年），江西建昌府疫死 8000 余人，武昌、汉阳二府疫死 10000 余人；正德六年（1511 年），辽东疫死 81000 余人；万历三十年（1602 年），贵州因瘟疫"十室九死"；崇祯年间，山西、陕西、河南、北京等地瘟疫大流行，死者无数。

光看这些数据，大家可能无感，微观一点讲吧：如景泰七年（1456 年）"十月癸卯……又湖广黄梅县奏：'境内今年春夏瘟疫大作，有一家死至三十九口，计三千四百余口；有全家灭绝者，计七百余户；有父母俱亡而子女出逃，人惺为所染，丐食则无门，假息则无所，悲哭恸地，实可哀怜。死亡者，已令里老新邻人等掩埋；缺食者，设法劝借赈恤'"。可见瘟疫真是猛于虎，仅仅一个春夏交替之际，全家灭绝者多达七百余户，可谓悲惨至极。

数据是冰凉的，也是恐怖的。不过相较于以往朝代，明代从中央到地方，已经拥有一套相对完善的医疗制度。在中央设立太医院，王府设良医所。

其中太医院有一项重要职责，就是在遇到疾疫时，要参与政府的救治活动，救治项目包括措置药物，或为汤液丸或膏随病所宜，但施救的对象主要以京城皇家贵族为主，并兼顾城外百姓。比如嘉靖三十九年（1560年）三月，京郊闹饥荒，流民涌入京城，皇帝怜悯苍生，召集群臣详议，并最终决定"凡京赈饥民，病不赴医者，……太医院仍给药调治"。瞧瞧，那时候得了病，即使不主动去求医，只需打120，太医院会派医者亲自上门调药，这服务够十二星了。

明代洪武三年（1370年），在府、州、县以及边关卫所设置了惠民药局，并配设医生、医士或医官。瘟疫灾害一旦发生，惠民药局会第一时间针对社会弱势群体进行救治，"凡军民之贫病者，给之医药"，这些药既有政府采购免费发放的，也有平价惠民的，要视具体情况来定。

举个例子吧，据《贵州通志》载，普安有个军士名叫盛全，"家贫而孝母，尝病，斋戒祈祷，愿以身代，又三年，母病垂危，全乃刳腹出肝刲之死而复苏和，进母母病复愈"。意思是说，盛将军因母亲病情沉重，跑到庙里祷告，乞求自己替代母受病。回家后，用刀割肝（未死）为母配药，母亲病情立刻痊愈。刮肝配药，到底能不能治好病，文艺家大肆渲染的悲情笔法不可全信，但地方惠民药局念盛全一片孝心，免费馈药却是事实，"给医药以治，母子俱（获）全"。

不过惠民药局"设官不给禄"，有点像现在自收自支的事业单位，有人事编制无财政拨付。既然如此，那么惠民药局的运营经费是从何而来的呢？一方面靠自主行医售药取得收入，或者，政府采购药局的药材作为进补；另一方面，由官府出钱置田，以出租之租银，为惠民药局之经费补贴。

在明代，基层瘟疫救治，由中央太医院指导地方药局，派遣医疗卫生主管领导巡视灾区疫情，并由惠民药局组织人员散发药物。只是大明虽有医户，但太医院的京师名医数量有限，惠民药局也是自负盈亏，药师力量薄弱，凭这些，无法满足天南海北的疫病患者对医者的需要。所以，政府尽可能多方发动民间力量参与，但凡参与救助的人，既有地方王侯也有诸地官员，有官方医者也有民间郎中，儒生、豪绅、贵族以及兼习医术者也参与其中。

例如洪武初有个医师叫钟实可，此人"潜心于医"，"遇疾不以贫富，与成药不责其偿，大疾疫则躬视而治疗之，贫者并遗之薪米"，真乃侠医也。再如，永乐四年（1406 年），进士魏源巡按陕西时，西安发生严重瘟疫，除了向皇上请奏减免税收外，魏进士还督促当地政府措置药品发放疫区，同时搜寻民间良医到各地施救。宣德年间，明朝宗室灵丘王朱逊烶虽然"为人骄侈"，但据《大同府志》，此人"好学工诗，尤善医"，有一年大同地区闹瘟疫，朱逊烴"遣医载药，遍诣乡村治之，给至三万余帖""施药活病，遇井投之"，全活者难以数计，乡民颇多感激。再比如明朝成化年间，兵部尚书王竑在总督淮扬漕运兼巡抚该地时，面对饥荒和疫情，他"先发漕米数万石赈"，并发动富人捐粮赈济，"又为病坊处，疾病之无归者，择良医四十辈属以视药食令无失所，活垂死之民余二百万"，专门设立病医疗站收容无家可归的病人，并精选医技高明的医者专门照料病者。成化十八年（1482年），第四代平江伯陈锐在淮扬一带总督漕运时，当地大疫，死者无数。陈锐"煮糜施药，多所存济"，且"日给米一升以资糜粥"，百姓"所活甚众"。弘治年间，南京光禄寺卿王绍，家居时恰逢大疫，王绍捐出自己的工资雇医，使得"存活者十之七州"。等等。除此之外，还有一些民间儒善之人，也常雇医救人。如明初人士韩性，个人生活十分节俭，却乐在周济穷乏。某年乡里大疫，人们劝他不要去染疫之家。而韩性根本听不进去，带上随从前去救助，甚至将患者抬到自己家里，直到其痊愈。韩性拥有极好的声名，街头巷尾的壮汉、老翁，甚至小儿仆役都尊称他为"韩先生"。

需要特别说明的是，崇祯年代，爆发了一场席卷整个华北地区的鼠疫，加速了大明的灭亡。这场瘟疫始于山西，很快传到河北，崇祯十四年（1641年）传到北京，两年后，造成约二十万人口死亡，"街坊间小儿为之绝影，有棺、无棺，九门计数已二十余万，人鬼错杂，日暮人不敢行"。

面对瘟疫，上至朝廷，下至草野，无不与瘟神搏斗，并采取了多种施救措施。即使是捧着暮霭沉沉暮云恻恻的垂危河山，崇祯皇帝仍不忘拼尽余力，大施皇恩，下诏释放轻刑罪犯，发放钱币治疗疾病，掩埋五城外露尸骨。

　　其时民间也不乏能者，京城有一位来自福建的官员，他发明了一种放血疗法，效果不错，只可惜啊，纵使医技万般高超，能平得了瘟疫，却无法挽回大明江山化作一江春水向东流的亡国痛局。

古时候的"加油"是啥意思

什么是加油，人们为什么要加油？什么情况下加油，不妨讨论一下。

纵观中国传统语系，"加油"大致有以下几层意思。

其一，往织物中加油，也就是说用油浸布制成油布。这种工艺技术在一千五百年前已经非常成熟，南朝时期，油布通常用于制车饰，并称为油络或油幢。如《南齐书·舆服志》："油络画安车，公主王妃三公特进夫人所乘。"这里所说的安车，是指古代可以坐乘的小车，有点像现在的宝马mini，供贵妇人或身份特殊的人乘用。安车多用一马，礼尊者则用四马。看来不是什么人能坐上这种车的，即使是上层人，要驾上这样的豪车，必是勋德者。

从油络车窥视古代等级制度一目了然，如仅次于皇权的亲王，也是油络车的享用者，《隋书》记载"三公亲王加油络，武官平巾帻，裤褶，三品已上给飓槊"。南朝齐始安王遥光，"永泰元年，即本号为大将军，给油络车"。

那么文人待遇如何呢？以南朝文坛领袖、著名学者沈约为例，他也是有油络车的。其在《宋书》中说："吾衣书车近在离门里，敕呼来，下油幢络，拟以载之。"当然，沈约的级别高，还有一个原因是，此人出身于门阀士族家庭，与梁武帝私交甚好。

秦汉时期，除了出征打仗，马儿只能供皇帝使用，到了魏晋南北朝时，大众劳工的角色只能由牛儿扮演，那些王侯将相一般只能坐牛拉的油络车。《隋书》载："王公加礼者，给油幢络车，驾牛""大业初，属车备八十一乘，并如犊车，紫通幰，碟丝络网，黄金饰。驾一牛。在卤簿中，单行正道""油幢车，驾牛，如犊车，皂轮，但不漆毂"，等等。

其二，基于烹饪，加油指添加油脂。虽然古人很少吃炒菜，但并不意味着他们不用植物油脂或动物油脂。早在南朝时，民间就有豆粥加油祭祀的习俗。《荆楚岁时记》曰："正月十五日，作豆糜加油膏其上，以祀门户。"《续齐谐记》里有这么一个故事：吴县张成有一天夜晚起来，忽然看见一个妇人站在屋子里的东南角，对张成说："这里是您养蚕的地方，我是这地方的神灵！明年正月十五日，您要煮碗白米粥，上面加盖些肉脂来祭祀我，我会使你蚕业兴隆的。"说完话就不见了。张成按照那妇人说的做了油脂白粥（祭祀她），从此以后张成养蚕年年丰收。

宋朝之后，人们开始用锅炒菜，油炒食物大受青睐。宋代浦江吴氏记录"暴齑"的做法："菘菜嫩茎，汤焯半熟，扭干，切作碎段。少加油略炒过，入器内，加醋些少，停少顷，食之。"看来，这是一道醋腌菜，但腌之前需加油炒制。

清代大才子袁枚在《随园食单》中讲了一段"戒外加油"的小段子，"俗厨制菜，动熬猪油一锅，临上菜时，勺取而分浇之，以为肥腻。甚至燕窝至清之物，亦复受此法污。而俗人不知，长吞大嚼，以为得油水入腹。故知前生是饿鬼投来。"袁大人最烦厨子在菜肴出锅后往上刺啦一声浇一勺熟猪油，认为此举甚"俗"。更有甚者，即使烹制像燕窝这样的至清美物，也采用类似操作手法，实在令人受不了。俗厨养出俗气的客人，全是乱加油惹的祸。

同为乾隆年间的李化楠在其美食著作《醒园录》中记录了满洲饽饽的做法，其中一个重要环节，就是往白面里加猪油。月饼同法。或用香油和面，更妙。晚清戏曲作家麦仲华在《皇朝经世文新编》介绍了一种洋罐头，"欧洲地中海有一种鱼长二三寸名撒亭，烹熟加油亦装光铁盒，每盒装十二尾，亦可发五洲销售"，这种鱼需烹熟加油后装盒，很快风靡全球，一百多年前，人类正经历着一场速食产品大变革。

其三，在照明的灯具里加油，即添上燃油，或在燃烧的火头上加油。中国是世界上发现石油最早的国家。有关石油最早的记载，见于周代的《易经》："泽中有火""上火下泽"。描述了石油蒸气在湖泊池沼水面上起火的现象。盏中加油，则灯愈明。有关石油使用的最早记载，见于东汉《汉书·地理志》："高奴（延长一代），有洧水可燃。"《大唐传载》记录唐代大臣于頔在襄州为官期间，"点山灯，一上油二千石。"喜欢点山灯的于大人，一次往灯碗里加油就用了二千石油。可见铺张奢华。据说，清朝道光年间，张之洞的父亲张锳，为官期间主管教育事业，每到午夜交更时分，他会派人挑着桐油篓巡城。如果见哪户人家有人在挑灯夜读，便去帮他添一勺灯油，并且送上鼓励，顺便说一句"加油"。

清代裴曰修《桃花女阴阳斗传》第十五回中，周公施法，烧桃花女的尸骸，命家丁"快拿干柴来"。干柴来了，可死活在尸首上点不起来。周公又令家丁往柴上加油，"但加油竟似加水一般，反灭了干柴之火"，使得浓烟四起，把周家人熏得鼻水眼泪齐落……干柴上加油，竟然燃不起来，我想无非有两种情况，要么周家的燃油不纯，要么，灭尸有违天意，道法失灵。

其四，加油指化学药剂提炼制作工艺。清代蒙古族学者博明，在辽宁凤城镇任职期间写了一部《凤城琐录》，其中谈到了草木、鸟兽、虫鱼等物产资源，比如对人参的生长过程、采制方法做了详细描述。更有意思的是，还对其药用进行了说明，"桠多则根始充实，采得之后刷剔土泥于饭釜，施秫箔加油纸蒸之，曝炙干焉，油纸所余之水积而煎膏，可点服可贴疡毒，较叶膏胜"，这里提到的油纸，应为涂了食品级硅油的半透明纸或防油纸。用这种纸蒸过人参的水，还可以治病，效果极佳。

清代陈梦雷在《古今图书集成·医部》中详细记录了"金丝万应膏"（又名太一神应膏、万灵膏）的熬制过程，其中添加的麻油起到了重要作用：先将沥青同威灵仙下锅熬化，用槐柳枝搅拌直至焦黑色，丝绵衬麻布滤过，以沥青入水盆候冷成块，取出秤二斤净，再下锅镕开，加油（麻油）、黄腊、蓖麻、木鳖子泥，不停用槐柳枝搅匀，须慢火滴入水中不粘手，扯拔如金丝状方可。"如硬，再旋加油少许，如软加沥青，试得如法，却下乳没末，起锅在炭火上，再用槐柳条搅数百次，又以粗布滤膏在水盆内，扯拔如金丝，频换水，浸一日，却用小铫盛顿……"此药专治发背、痈疽、杖疮、恶毒疮、伤损、心痛、脚臭、腰痛，无不效验。古人凡熬膏药，麻油与槐柳枝是哼哈绝配，麻油起粘合作用，可使熬炼的膏药具有外观光亮、性清凉、药性易渗入皮肤等特点，用槐柳枝搅拌，或点药油，增加膏药解热止痛消肿的功效。

《台海使槎录》是一部由黄叔璥撰写的史地风俗杂记。作者考察澹水港口千豆门山后，描述了当地土人硫土提炼的方法，整个过程"加油"至关重要："槌碎如粉曝干，镬中先入油十余觔，徐入干土，以大竹为十字架，两人各持一端搅之，土中硫得油自出，频频加土加油，至于满镬，约入土八九百觔，油则视土之优劣为多寡，油过不及皆能损硫。土既优，用油适当，一镬可得净硫四五百觔，否或一二百觔，下则数十觔；关键在油，而工人视火候亦有微权也。"

其五，"加油"还有叙述事情或转述别人的话时，任意增添细节，夸大或歪曲事实真相的意思。这种情况下，常用的词儿有"添油加醋""加油添醋""加油加醋""添油加酱"等，也有"加油加酱添咸头"的。如，《观音菩萨传奇》第四回："话说自从阿那罗丞相几句说话，把那寻觅不着的老者，认为佛祖现化以后，传说出去，兴林国的百姓，没有一个敢于不信。而且又不免加油添酱地加上许多穿凿附会之谈"；《围城》中"李梅亭忙把长沙紧急的消息（日本人进攻长沙）告诉寡妇，加油加酱，如火如荼，就仿佛日本军部给他一个人的机密情报"；《清代圣人陆稼书演义》第三十二回，"看看邵师爷，坐下来，邵师爷送一眼风过来，似乎要加油加酱添咸头，说得凶险，趁此再好弄他"；等等。

其六，除了以上五层意思，还有一层意思，与李渔的修容学有关。"三分靠长相，七分靠打扮"，三百多年前的大剧作家李渔不仅谈美食和养生，而且还谈化妆。在《闲情偶寄》中，专门有一章节讲到了这一点。李渔先强调了修容的重要性，指出了当时修容不正之风，并分享了浴面着色、粉上加油的经验。他说，"从来上粉着色之地，最怕有油，有即不能上色。倘于浴面初毕，未经搽粉之时，但有指大一痕为油手所污，迨加粉搽面之后，则满面皆白而此处独黑，又且黑而有光，此受病之在先者也。既经搽粉之后，而为油手所污，其黑而光也亦然，以粉上加油，但见油而不见粉也，此受病之在后者也"。那时候的小姐姐们，脸上加的当然不是石油，也不是麻油，最好的就是鹅油了，次一点只能是羊油、牛油或动物骨髓等。当然，这些油脂不是拿来就涂，而是作过特殊处理。

总之，关于"加油"一词的说法纷纭。

你可以认为"疾风知劲草"是加油，"山川异域，风月同天"是加油，"青山一道同云雨，明月何曾是两乡"是加油，"岂曰无衣，与子同裳"是加油，"辽河雪融，富山花开。同气连枝，共盼春来"也是加油……

古人贩药抢药囤药也疯狂

华夏子孙抢药囤药的嗜好，自远古神农氏便养成了，"一日之间……所得三百六十物"，药祖炎帝就是个囤药王。以至后来，神仙方术大行其道时，为了长生不老炼仙丹，哪个帝王官爵不给自己囤点奇花异草呢。

如北魏官大权重的李元忠，在自家庭院里种满了药材，亲戚朋友来访，一定留下喝酒赏药花。好在此人宽仁忠恕，专心医药，擅长方技。一园子的药材，就是他的实验田。百姓有疾，他也不吝啬，时常帮忙治疗。像这样的囤药者，乃大善之人。

相反，有些人则不是这样，《新唐书》里讲，宰相元载，原本岐山寒微出身，发迹后忘本，专权跋扈，专营私产，人设崩塌后，皇上派人抄家，搜出钟乳药材五百两，胡椒八百石，其他东西也和这相当。估计各地进贡的药材都被元大人截留，囤在了自己家的库房里。

这事现在看来，有点不可思议，甚至可笑，殊不知，在那个时候胡椒可是奢侈品，胡椒酒方在上流社会王公贵族间很流行。而钟乳，因其沉积需要数十万年，比黄金都要稀罕。竹影千行字，奇石万卷书。难怪柳宗元在《与崔连州论石钟乳书》中说少量服用钟乳，"使人荣华温柔，其气宣流，生胃通肠，寿善康宁，心平意舒，其乐愉愉"。

宋代以前，药材管理比较混乱。到了宋代，医疗机构设置日趋完善，有了比较成熟的医疗救济措施。药材以国有名义囤进熟药库、合药所。继而又在各地药局进行交易，既方便百姓，又为政府营利。与此同时，药材的收购、检验、管理以及药物的配制和炮炙研究等，均得到了长足发展。

明代官方囤药的措施进一步细化。

据《大明会典》中的"医政官制"记载，"凡天下岁办药材，俱于出产地方派纳，永乐以后，例共五万五千四百七十四斤"。成化以来，收纳数量渐增，品类也逐步添加，如蜈蚣、蛇、蛤蚧、天雄、丹砂、鹿茸、虫蛀木瓜等，无奇不有。从天下缴来的药材，全部囤进太医院生药库，并由专门的御医辨验收放，造册登记。

不过官方囤药的弊病也时时显露出来，只进不出，或少出，导致药材常年堆放，加上管理不善，药材腐化，如《皇明经世文编》所言："太医院额办药材，多有本地不产，买办于京者，或至堆积陈腐，徒费民财……"。

当然，囤起来的药材，还可以挪作他用，比如拿到边境上与瓦剌和鞑靼交换皮毛、马匹等，据《姜氏秘史》载，"孟献赍贮丝五千匹、绢四万匹、布二万匹、药材一万六千斤易马，未及还，上出奔"。

普通的药材也就罢了，倘若囤得名贵宝物，就得费尽周折，打破各种条条框框了，如万历年间的龙涎香，搞到手里，须乘船出海经西洋总路至苏门答剌西，据《广东通志》："苏门答剌西一昼夜程，有龙涎屿独峙南巫里洋中，群龙交戏，其上遗涎，国人驾独木舟伺采之，每一斤值其国钱币一百九十二枚，准中国铜钱九千文。"

嘉靖三十四年（1555 年），朝廷要求户部给皇上囤涎香一百斤，寻遍整个北京城一无所获，于是下令各省采办，于是，一场掺和着暴利和虚妄的角逐大戏开演了。当时，香山县丞黄汝元完成上交国库任务后，给自己私囤了那么一丁点，结果"其卧室即使经过数年，香味犹未绝"。

靠囤药的才干一路平步青云者，当属阿合马。史书记载，阿合马，"回回人也，不知其所由进"，也有人称此人是花剌子模国费纳客忒人（今塔什干），由于他掌管财赋之务得力，尤其在采办药材上征利颇丰，受到忽必烈重用，官至中书平章政事兼领使职，相当于全国财权独揽于此一人之手。

诚然，越来越多的人意识到，关键时候救人于危难，甚至受命于国家兴衰之际的药材，其潜在的价值远远大于真金白银，因此，到了宋元以后，懂享受的文人志士开始将药材奉为雅物。也就是说，一个读书人，其家里可以没米没面没书本，但不能没有像样的画卷和药材，一旦拥有，悬于墙壁，视为大雅。北宋著名隐逸诗人林逋有诗曰："画共药材悬屋壁，琴兼茶具入船扉。"正是如此写照。这一风气一直影响至明清，《老学庵笔记》载临安扁榜对有"精裱唐宋元明古今名人字画"对"自运云贵川广南北道地药材"。虽为名流游戏之词，却也是借鉴、承袭了前人赋雅遗风。

古人云：大灾屯粮者灭门，大难囤药者无后。历史上因天灾人祸而抢药囤药的例子有不少。

1286年冬天，耶律楚材跟随成吉思汗征伐宁夏灵武，将领们都争着掠取子女金帛，唯独耶律楚材专门收集失落的书籍和大黄等药材。"既而士卒病疫，得大黄辄愈。"不久士兵们染上疫病，结果大黄派上了用场。可见，一个有远见的政治家，不但会带兵打仗，而且还要会囤药。

清代黄小配在《洪秀全演义》中讲，天京被围城时，兵民死伤之人其尸首无法出城安葬，造成疫情蔓延，勤王林启荣所设赠医局皆应接不暇，药肆几为之一空。"从前只准备粮食，那有准备药材，因是居民大为惶恐。"类似的例子还有，如清人梁恭辰《北东园笔录三编·李寡妇》记录："某果赴厦门，置货度洋，其地适值瘟疫，诸伙折本求售，某独以药材抬估及梨枣什物，多争购之，获利无算而归。"

有需求，就有买卖。这是市场的法则。

药材采办这条线上，上有皇族贵胄，下有黎民百姓，中间便是"万恶"的药材商。自古以来，贩药发家的人并不少见。比如唐人李复言《裴谌》一文，讲的就是药商裴谌的故事。

裴谌与两位朋友入白鹿山学仙道之术，历时十年，期间两位朋友先后退出。其中一友王敬伯下山入仕为官。只有裴谌在坚持。若干年后裴谌与王重逢，王敬伯见裴还是一介山民，自谓得志，并劝裴谌放弃修行。裴说："吾山中之友，或市药于广陵，亦有息肩之地。青园桥东，有数里樱桃园，园北车门，即吾宅也。子公事少隙，当寻我于此。"意思是说，他和山友合伙在广陵卖药，在青园楼东边有个樱桃园，那就是我家，王兄公务之余，可以到那里去找我啊。

王敬伯好奇，心想，一个执迷不悟的破道僧，哪有钱在城里置办不动产呢。不过出于好奇，他还是去了裴家一趟，结果大吃一惊——"人引以入，初尚荒凉，移步愈佳。行数百步，方及大门，楼阁重复，花木鲜秀，似非人境。烟翠葱茏，景色妍媚，不可形状。"（唐·牛僧孺《玄怪录》）又见裴谌以法术招王妻来此弹筝侑酒，敬伯方悟裴谌已得道成仙，惆怅而别。

这个故事固然充斥着玄幻色彩，但从作者的叙述来讲，反映的隋炀帝大业年间的现实却是真实的。试想一下，那个时候像裴谌这样靠药材起家的大富豪恐怕不少，平日里乔装成山民，假以修道的名义入山，采挖药材，入市贩卖，结果大发了，在城里购置豪宅，并配青衣侍者与女乐……

裴谌的故事，可窥隋唐苏杭广陵药市繁荣于一斑。

事实上，自唐宋以来，中国华东地区繁荣的商业经济大大地带动了药材业的发展，并在江西与苏杭形成了两大药市板块，其中江西樟树市在唐朝即辟为药墟，宋元时形成药市，明清时臻于鼎盛，终成"南北川广药材之总汇"的大气候。

据《读史方舆纪要》描述："樟树镇府东北三十里，又东北至丰城县七十里。南北药材皆集于此，本名清江镇。袁、赣二江合流十里，遂绕镇而北，镇因以名。亦谓之鹿渚。"又《广志绎》载："樟树镇在非城、清江之间，烟火数万家，江、广百货往来与南北药材所聚，足称雄镇。"

溧水人，多药商。苏杭板块则以南京溧水为代表，成为华夏国药之乡，四大百年中药店之一的叶开泰药店就发源于此，一大批医药代表，如叶文机、章次公、张映焜、张怀春、张洪泰等至今被人们称道，包括当下协泰行老板李声白，都与溧水有深厚的渊源。

除了溧水，苏州近郊的南濠镇，在当时也有专业的药材交易市场。明末，杭州望仙桥一带药船来往不断。至于杭州城内贩药客商，更是络绎不绝。

明代至清代，苏杭成为许多人圆富豪梦的黄金旺地。一些西南地区的药商不远万里，行市江南。据明清史料，康熙元年（1662年）刑部等衙门状招，"翁采口供：系福建福州府闽县人。于旧年杭州买红毡一百条、药材二挑。""王旺口供：系福建漳州府海澄县人，住苏州。买药材往温州。""魏久口供：系福建福州府闽县人，住本处。在杭州买药材，同王旺正月初五日到平阳下船。""王贵口供：系四川龙安府武平县人，住本处。贩贝母、川芎到苏州卖，折本。又买药材三担，同翁采共船，正月到干隔下船。"以上翁采、王旺、魏久、王贵等人，皆为普通的药商，也不是什么大人物，但他们个个怀揣大梦吓死人……

当然了，药商的足迹遍及全国。

作为首都的北京，人口众多，有消费能力，是明代最大的医药消费市场，成为商人创业的首选之地。比如永乐年间，应市场需求，温州永嘉药商徐永祥于北京开办了保宁堂药室……那时候，凡是在药材这条供应线上玩的人，均有油水可赚，朝廷礼部多数官员安排自家人包揽药材生意，如弘治元年，有个叫周洪谟的尚书就被弹劾，理由是"令家人揽纳药材，多取价值"。

在京师之外的河南开封、山西太原、安徽芜湖等地，也有不少药商。如《明清徽商资料选编》讲，万历年间有个叫汪一龙的药商，在芜湖西门外大街创立了正田药店，经营了二百余年，靠的就是守法经营，诚信为本，正所谓"慎选药材，虔制丸散，四方争购之，对症取服，应效神速"，而且连外国人都慕名争购，"每外藩入贡者，多取道于芜湖，市药而归"。

不仅如此，西南偏远地带也有人靠经销药材发家，如明末清初野鹤老人写了一部奇书《增删卜易》："云贵才平，此人于川中带出附子黄连药材数担，勃然家蓄数千余金，从此立业成家，连年丰足。此岂可谓终身作事无成耶！又如酉月辛未日占终身财福。"瞧，这个叫才平的人，从川地往出贩卖黄连，结果就飞黄腾达了。

文艺作品是现实社会的一面镜子，映照着药材生意的隆兴发达。

电影《七剑十三侠》里的孙寄安，出生于药材世家，幼年跟父亲在苏城开张药材生意。后来生意亏本，父母相继而亡。寄安只好继着父亲的旧业，贩些药材，到江南销售。再如我们熟悉的许仙在南宋杭州铁线巷开生药铺，大宋年间的药商西门庆，子继父业，在山东清河开了个大药铺……

最苦的当数那些基层采药的乡民们，《神魔列国志》里有个叫王力的猎户，其一年的生活水准全靠采药提升，"王力入山打猎，他经常翻山越岭，深入丛林，捕杀虎豹之类的大兽。而且山林深处往往发现许多珍贵药材，如能采获，可售善价，足供一年之粮"。有一次，王力采到了一个罕见的大菌双茎，服之令人延年益寿，惹得乡村邻里的男女老幼都来参观……

自古以来，大灾大疫当前，人们最痛恨那些囤粮攒药、牟取暴利的行为。

然而现实中，却有好多不法分子趁火打劫，发国难财。

古人警示："药料务要真正道地药材，分两必要秤准，切不可稍事妄加增减。"

倘若以假作真，误人性命，国法难逃。

墓地来电显示

现在了解买地券的人不多。它不是房产证，古代称之为"墓别""地券"，是常见的一种丧葬明器，相当于活人为死者购买阴宅、坟地的契约凭证。

买地券到底是什么样呢？它是一张纸？或是一块石头？还是像墓志铭那样刻在碑上呢？瞧宋代周密在《癸辛杂识》中是怎么说的："今人造墓，必用买地券，以梓木为之，朱书云'用钱九万九千九百九十九文，买到某地云云'。"可见，买地券主要用百木之首的梓木制成，因为梓木细致、坚韧、有弹性、耐湿耐腐，埋在地下千年不朽。当然，还有铅、铁、砖、陶、石、玉等材质，而且在格式书写上，有严格的规范模式。

和墓志铭一样，买地券是了解墓主人信息最直接的文书，通过这样的文书，后人可以释读到许多信息，比如墓主姓名、身份、官职、死因、死亡时间、宅地来源、地价、四界面积、交割日期、券的见证效力，甚至有些还附记奴婢、衣物清单，追述家世等等。当然，从买地券刻文还可以读到书法消息、古代丧葬习俗、宗教信仰、契约体式、土地制度以及社会经济和社会组织等。

买地券在古代主要流行于中下阶层，因此，多数刻写草率、错误百出、内容怪诞不经，死因陈述也是五花八门。从现有出土的买地券来看，其中有一种死因颇为有趣，那就是醉死。

1977 年，长沙县麻林桥的一座南朝墓中，出土一方"买地券"。这方买地券上说，墓主名叫徐副，"醉酒寿终，神归三天，身归三泉"，原来是饮酒醉死的，死时五十九岁；湖北鄂州郭家细湾墓中，出土了一块公元 439 年（元嘉十六年）的买地券，墓主男，名简谦，"年六十五岁，以今己卯岁二月九日巳时，醉酒命终"，也是个醉死鬼；广东仁化县出土的田和买地券，墓主也是醉死的，"醉命归，神归三天，身归三泉"。

古广西女人好酒，诞生了不少女醉鬼。二十世纪八十年代，广西灵川县大圩镇熊村发现一块买地券，墓主名为熊薇："梁天监十五年太岁丙申十二月癸巳朔四日丙申，始安郡始安县都乡牛马里女民熊薇，以癸巳年闰月五日醉酒命终，当归蒿里。"熊村有南朝墓群，二十世纪八十年代就出了好几块地券。另，广西鹿寨县也有周当界地券，券文是，"今日大化复除，道民象郡新安县都乡治下里，没故女民周当界醉酒命终，今归蒿里……"

这些地券文书中，有一个词比较常见："蒿里"。相传有蒿里山，无论你是帝王将相、贤达贵人，还是愚民草寇，魂归"蒿里"是人死后最理想的幽冥世界。汉代有《蒿里曲》："蒿里谁家地？聚敛魂魄无贤愚。鬼伯一何相催促，人命不得少踟蹰。"

当然，去蒿里并非易事，所以古人就意想了一个词："醉死梦生"，通过酒精麻痹，好让自己像神仙一样糊里糊涂地飘去。这种死亡方式，一向被历代名士雅僧所推崇，唐代诗人许彬过庐山，经李白隐居过的屏风叠时感叹，"谁能续高兴，醉死一千杯"。宋人苏轼说自己宁愿醉死，也不会流亡而饿死："我独唤酒杯，醉死胜流殍"。古时苏州有一僧人，旷达好饮，最终醉死鬼域，有意思的是，在他临死前，竟捉笔给自己写祭文："惟灵生在浮提，不贪不妒，爱吃酒子，倒街卧路，想汝直待生。兜率天尔，时方断得住，何以故浮土之中无酒得沽？按此人磊落可喜，堪备卢王二志释老之遗。"

美酒可以助人升天，这在宋代民间已经达成了一种共识，不管是怎么死的，用"醉死"为亡人粉饰后世的手法颇受追捧。比如湖北英山县出土的南宋买地券中，描述墓主死因时都使用了"因往后园采花，遇仙人赐酒，醉后命终"之类的常用套语就有七八例之多。

怪不得古代中山酿酒师狄希造出喝了能醉一千天的"千日酒"后，人人都想过"中山沉醉千日死"的日子，比如唐代进士鲍溶说："闻道中山酒，一杯千日醒。"宋代名家晁补之说："扬州一梦，中山千日，名利都忘。"元代文学家许有壬说："四时花，千日酒，一溪云。回头下望浊世，无地不红尘。"清代大学者魏源说："夜深倒卧芦花里，人生几得中山千日死。"等等。世俗扰人，活着不易啊，他们都想一醉方休，喝死算了。

写到这里，想到一个历史人物来，北汉时期宰相郑珙，受世祖刘崇派遣出使契丹，北方人好客啊，大口喝酒、大块吃肉，结果，郑大人就活生生喝死在了大契丹的国土上。《五代史通俗演义》："辽主兀欲，喜如所愿，厚待郑珙，日夕赐宴。珙在途已感受风寒，禁不起肉酪厚味，一夕宴毕归馆，竟致暴亡。"肚肠腐烂而死，真是舍命陪君子。不知郑琪的买地券上的祭文是怎么写的，想必有"醉酒命终，当归蒿里"的字样。

文人士子的别业生活

别业是指郊外私宅、庭院，完全不同于现在的都市别墅。在古代，别业是个热词，可做的文章很多，历代乡绅别业、士商别业、官宦别业、草寇别业、文人别业等，多不胜数。

别业的功能也是五花八门，最牛气的是唐代太子太师萧嵩，"城南别业，地即膏腴，亩直千金，盖谓于此"（《全唐文》），这样的规模堪称星级豪华大宅。最有趣的是，宋代太监林亿年告老还乡后，修建别业专门从事嫖妓营生，"亿年养娼女以别业，源在贬所与妓滥，俱以淫媟闻，人疑其非宦者云"（《宋史·列传第二百二十八宦者》）。最恐怖的是，别业闹鬼，"娄东陈岳生，筑别业莲桥之西。工甫竣，家人哗传有鬼"（《谐铎·卷二》）。等等。

园林别业自魏晋以来受文人士子追捧，如左思的东山庐、王羲之的园林别墅、谢灵运的石壁精舍（始宁墅）、陶弘景的茅山园林等等。

相比陶氏别业的寒酸，土豪别业当属西晋"二十四友"之一的石崇的金谷园了。石崇在《思归引序》中说："余少有大志，夸迈流俗……晚节更乐放逸，笃好林数，遂肥遁于河阳别业"，又《金谷诗序》："余有别庐在河南县界，金谷涧中。去城十里，或高或下。有清泉茂林，众果竹柏药草之属，田四十顷，羊二百口，鸡猪鹅鸭之类莫不毕备。又有水礁鱼池土窟，其为娱目欢心之物备矣。"石崇的别业土豪到什么程度呢？仅是厕所，"常有十余婢侍列"，客人如厕后，还可以更换鲜衣。

"岩峭岭稠叠，洲萦渚连绵。白云抱幽石，绿筱媚清涟。"南朝文学家谢灵运在《过始宁墅》中描写始宁墅"傍山带江，尽幽居之美"。始宁墅是其祖父缔建的，晚年灵运移居故宅，继续修营，并在先祖的基础上进行了拓展，田地、山坡、庄稼、果林、药草、鱼池，一片田园山水画境。《宋书》载，谢灵运"与隐士王弘之、孔淳之等纵放为娱，有终焉之志"。谢最终在这里度过了浅吟低唱、怪诞乖悖的余生。

此后别业风潮激增，中国景区策划专家邓江华先生曾做过论文统计，如唐著名隐士、文学家和书画家卢鸿的嵩山园林，高适的淇上别业（原记录将淇上别业划给了王维，此处修正），王维的辋川别业，岑参的双峰草堂，孟浩然别业，刘长卿的江东别业，张五諲的濠州别业，元诜的丹阳别业，王季友的半日村别业，陆羽的青塘别业，杜甫的成都草堂，白居易的庐山草堂，李德裕的平泉山居，李颀的东川别业，裴度的绿野堂，秦简夫的苏坟别业，周谏的别业，唐伯虎的桃花庵别业，苏舜钦的沧浪亭，司马光的独乐园，胡仔的苕溪渔隐，张养浩的云庄，赵孟𫖯的莲花庄，明代的寄畅园、拙政园，曹溶的静惕堂，明末侍郎王心一的归田园居，王思任的别业，张岱的石屋塔院、快园，祁彪佳的远山堂，袁枚的随园，李渔别业等。

就拿唐代来说吧，别业已普遍为文人所拥有，凡是有头有脸的文人，如果没个别业，都不好意思出门。据李浩《唐代园林别业考录》载，唐人私家园林别业多达七百多处，其中长安所在的京兆府二百零一处，洛阳所在的河南府一百一十四处。翻阅《唐才子传》，凡是那些光鲜的文人，你会发现个个都有别业。《全唐诗》中与别业有关的诗更是不胜枚举，如李白、储光羲笔下都有个崔山人，"南阳隐居者，筑室丹溪源"。另外还有《宿蒲关东店，忆杜陵别业》《送郑堪归东京汜水别业（得闲字）》《阌乡送上官秀才归关西别业》《过刘员外长卿别墅》《冬至后过吴、张二子檀溪别业》《送朱山人放越州，贼退后归山阴别业》《春夜过长孙绎别业》《送刘长上归城南别业》《酬王季友题半日村别业兼呈李明府》《出青门往南山下别业》《浔阳陶氏别业》《铨试后征山别业寄源侍御》《春日题杜叟山下别业》《奉和元丞侍从游南城别业》《送李明府归别业》《送卢处士归嵩山别业》《游韦七洞庭别业》等，光看这些诗题，就知道唐代文人士子天天忙于迎来送往，小小别业，上演着一幕幕大唐才子交游图景，真可谓来也别业、去也别业。

初唐诗人宋之问，在洛阳就有三处别业，嵩山上有一处，他经常在那里听笙歌、研诗酒、学佛道、交盟友。如果说嵩山别业适合七日长住，那么从洛城内"朝发夕至"的陆浑山庄，则适合清明寒食这类假期小住。宋之问的第三处别业在洛阳城东首阳山，属城郊园林，由于离市区更近，宋先生经常在这里退食、邀欢、游赏、雅集。杜甫来过后感叹："宋公旧池馆，零落首阳阿。"

与其羡慕别人，不如自己也整一套。说到唐人别业，王维是个绕不过去之人。人到中年的他，仕途上遭遇波折后，想到了过隐者生活，于是上终南山建了一座别业，有诗《终南别业》为证："中岁颇好道，晚家南山陲。兴来每独往，胜事空自知。行到水穷处，坐看云起时。偶然值林叟，谈笑无还期。"王先生喜欢独处，所以他在这里可以念佛冥思，或"以水木琴书自娱"，偶尔闷了，林子里转转，找个樵夫扯个磨开个心。后来王维又隐居到了蓝田辋川，给自己建了个养老终身的辋川别业，他在这里褐衣蔬食，持戒安禅，乐住山林，志求寂静。《唐才子传》："日与文士丘为、裴迪、崔兴宗游览赋诗，琴樽自乐。"著名的《山居秋暝》就是在这里写的："空山新雨后，天气晚来秋。明月松间照，清泉石上流。"后唐冯贽《云仙杂记》卷八曾这样描述辋川别业："王维居辋川，宅宇既广，山林亦远，而性好温洁，地不容浮尘，日有十数扫饰者，使两童专掌缚帚，而有时不给。"可见王维之于辋川，真可谓"于富贵山林，两得其趣"（宋代张戒称语）。

到了宋代，别业风潮依然不减，光是北宋李格非在其《洛阳名园记》记述的著名文人别业就有二十处，周密《癸辛杂识》中记述的当时吴兴一地有三十六处文人别业。南宋时期，即便家国风雨飘摇，文人们仍不忘给自己建别业。比如辛弃疾大人，在南宋阴郁的高宇之檐下，1181年，四十二岁的他一边放手报国，一边准备隐退。辛弃疾在他三次任职的江西上饶郡城北一里多路的地方，买下一大块土地，兴建了一所大的庄园"带湖新居"。

大明时代，江南一带资本主义开始萌芽，文人有了强烈的"商品意识"，如果有人混得惨但很有才，完全可以通过卖画、卖字、卖文实现大逆转。唐伯虎三十八岁那一年，将自己的后半生托付给了桃花庵别业，一直到"年五十四而卒"。"鱼羹稻衲好终身，弹指流年到四旬"，他在这里读书画画，种桃换酒，呼朋引类，取悦人生。祝允明《唐子畏墓志并铭》："日般饮其中，客来便共饮，去不问，醉便颓寝"，这正是唐伯虎在别业日常生活的写照。

桃花庵别业位于苏州城北，它的前主人是宋朝太师章楶，后荒废为菜园，被唐寅看中后重新盘活了这座古宅。与同为"吴中四才子"的文徵明的阔绰相比，唐伯虎是个"月光族"，他哪有钱买不动产呢？这得益于他的商人思维，据说他用自己的藏书作抵押，两年后用写字画画赚来的钱还清了债务。

说了这么多名家大师的别业，历史上也有一些知名度不高的文人乡绅也热衷于修别业。比如，近期读到余姚诗人学者商略的一篇文章，即《历代姚江诗人十二：只有一首诗的诗人孙炳炎》，这首硕果仅存的诗为《题元实弟姚山别业诗》，诗云："别业依嶙峋，幽居寓目新。闲花繁覆砌，静燕语通人。野翠生窗晚，林香入户春。愿因张老祝，持以对芳晨。"这里的元实即孙子秀为南宋绍定五年进士，官至太常少卿。关于诗中的姚山别业，见《逸诗·孙子秀传》："子秀有别业在姚巷白水宫之侧，凿池种莲，夷为田者数百年，莲种久绝，然每年必有一二茎杂苗禾而出，乡人以为灵迹，至今然也。"商略于文中辨析了一些错误。最后他说："孙炳炎写的诗，当然不止一首，这是标题党的惯用伎俩而已。南宋至今，所隔千年，有这一首，已是十分难得了。谁也不能保证千年以后，自己的一首诗甚至是一句诗会流传下来。即使你写得极好，也无法保证。文章流传后代，有时要靠运气。或者，像姚山别业的故址上，在数百年以后，'每年必有一二茎杂苗禾而出'的荷叶，有着超越凡世的灵异。"将诗与"一二茎杂苗禾"的荷叶附灵得以传世的概率做比对，真可谓妙也。试想历朝历代建别业代为修身者不计其数，然真正的隐者，大致如姚山"一二茎杂苗禾而出"的荷叶，有着超越凡世的人又有几许！

提起元末明初的著名诗人顾阿瑛，当下知道的人并不多，毕竟他不是李杜，不屑仕进，不参政局，然而作为首屈一指的一方士商，顾阿瑛年四十"筑别业于茜泾西"，即玉山草堂，堪称昆山历史上最显赫的私家园林。顾诗人平日里喜欢收藏字画，把玩古器，同时坚持十年举办有极大影响的文人雅集活动，参与人数上百，像柯九思、黄公望、倪瓒、杨维桢、熊梦祥、袁华、王蒙等名家大师曾在这里诗酒风流、宴集唱和、留别寄赠，被后人赞为"文采风流，照映一世"。

明代浙江兰溪龙山别业，原本也算不上知名，但因兰溪大儒章枫山所撰《龙山别业记》而被当地人熟知。据《光绪兰溪县志》卷八记载："龙山别业，在甘棠乡青龙山。明郭宪承其亲志建。"郭宪秉承谁的遗志呢？自然是其父郭惟锡了。惟锡先生临近中年因"恒厌城市喧杂，欲求闲静之"，选择风光秀丽的青龙山而兴建龙山别业。没想到别业没建成，就一病不起与世长辞了。儿子郭宪立志将别业续建而成，并将先父的牌位安放其中，日夜供奉。章枫山听说了这个故事，感动之余写下了《龙山别业记》。

写到这里，我不由想起湖北蕲春诗人、批评家、艺术家江雪写在其微信朋友圈里的一句话："少年知书习字，青年阅世人伦，中年著文读碑，晚年归乡扫坟。"去岁 10 月 24 日与他聊天时，其曾言："'幼年即吾乡，亲友是功名。'我今年悟出此句，已入诗中。"是啊，据说江雪在老家也修了自己的"别业"，倘若他亦如中年之王维、辛弃疾、唐伯虎，抑或顾阿瑛、郭惟锡，继而往之，潜心研习，终有一日必成大彻大悟的志士隐者也。

说说师娘

自古以来，凡有师者，必有师娘，然师娘并非与"师母"一词同义，这个看似亲稔无比的词，却背负着妖奸惑众的坏名头。

中古六朝时期，普遍将尼僧称师母。其时巫术盛行，女僧当道，甚至参政摄政，作奸谋乱，不绝于世。譬如元嘉佛教中的"黑衣宰相"释慧琳，以真才实干得到宋文帝的赏识，参与朝政，搬弄口舌，摇惑时局，权倾一时。济人者得济，溺人者自毙。慧琳也没什么好下场。宋文帝也为他的愚昧买了单。《宋书·二凶传》记载，道育尼姑藏在东宫里与太子勾结，最终杀害了宋文帝。

齐梁时期，尼僧干政有过之而无不及，有一次，齐少帝听说有人密谋篡位，于是追问萧坦，萧坦顺手把责任推给了女尼，认为是"诸尼师母"所言。"佛妖僧伪，奸诈为心。"可见尼姑搬弄口舌惹是非，在当时已经形成一股司空见惯的坏风气。

"诸尼师母"这一妖奸惑众的坏名头，一直贯穿于整个封建帝制时代。唐房千里在《投荒杂录》中说："南方蛮以女配僧曰师郎，天雷苗中有师娘者，方许住庵，令人摩阿湿毗之腹祈子，则其俗然也。"到了明清时代，师娘成为文人笔下的巫女，常常诵经拜佛，召神引鬼，愚弄庶民。

明代大文学家凌濛初在《初刻拍案惊奇》中对当时师娘"降神巫风"作出评述："话说男巫女觋，自古有之，汉时谓之'下神'，唐世呼为'见鬼人'。尽能役使鬼神，晓得人家祸福休咎，令人趋避，颇有灵验。所以公卿大夫都有信着他的，甚至朝廷宫闱之中有时召用。"凌濛初表示，"直到如今，真有术的男觋已失其传，无过是些乡里村夫游嘴老妪，男称太保，女称师娘，假说降神召鬼，哄骗愚人。"看来，作为知识分子的凌作家，对古代真传的降神术是深信不疑的，只是这样的术能已经失传，被一些太保、师娘们借用，蛊惑人心。

明末清初，社会上开始流行三姑六婆。且姑、婆分类很清晰。比如卦姑，就是看相算命的；药婆，是捉牙虫、卖安胎堕胎药之类的。而师娘，就是女巫。等等。

明清小说《商界现形记》中，将师娘巫女与优婆娼妓划为一个类别，往往被当时社会风流名士所不齿。不过清高也无用，倘若家里真遇到点占卦问吉凶的事儿，免不了要请师娘出场的。《九尾狐》中就描写了这样一个场景："秀林也差鳖腿去请了一个有名看香头的师娘，据说有两个亲人讨取羹饭，必须在家斋献，多烧纸锭，以后还要诵经拜忏，方保无患。"另，《快士传》也有类似的桥段："他妻子艾氏平日极信师巫的，因去请一个赵师娘来问问吉凶。那师娘不但会关亡召魂，又会肚里说话。原来那肚里说话的鬼，有浑名叫做什么灵姐。"接下来，艾氏问赵师娘她家大少爷在哪？师娘说已经去世了，艾氏赶紧让师娘把儿子的亡魂召来，果不其然，亡魂召来了，并在师娘肚子里哭哭泣泣与艾氏对话……

早在元代时，文学家陶宗仪在《南村辍耕录》称："世谓稳婆曰老娘，女巫曰师娘，都下及江南谓男觋亦曰师娘。"江南竟然将男觋也称师娘。后来清人毛祥麟在《对山余墨》中对江南师娘做了详细介绍，称女巫则曰"师娘"为吴地习俗，即今江苏一带。"最著名者非重聘不能致，出必肩舆，随多仆妇。次者曰'紫仙'，曰'关亡'，曰'游仙梦'。最下则终日走街头，托捉牙虫，看水碗，扒龟算命为活者。"由此可见，吴地师娘也是划等级的，名气大的师娘出行很讲派头，不亚于当下的明星。而那些学而不精、籍籍无名的师娘，只好游街串巷，有点像"走穴"，搞点小生意。总之三六九等，都是为了糊口饭。

有意思的是，在古代，师娘还有一种身份，即和尚的妻子，也称为师娘。这虽说不符合佛教清规戒律吧，但也为世俗所容忍。即便到了明代，中原河北都有"僧皆有妻"的现象。正如明代文人叶子奇在《草木子·日知录集释》中所言："河北僧皆有妻，公然居佛殿两庑，赴斋称师娘。病则于佛前首谢，许披袈裟三日。"

说到这里，我们再回到师娘的正面形象里。清代学者陈履与其师著名历史学家崔述的佳话至今流传。崔临死前将其书稿托付给陈履和，即使家境十分贫困，陈履和也不忘恩师重托，把崔述的著作《东壁先生书钞》《洙泗考信录》《三代异同通考》《三代经卷》《唐虞考信录》等刊刻于世。同时，他也不忘将师母大人的诗文，也附于先生卷帙以传后世。师母成静兰，也会作诗，有《绣余诗》，她曾在诗中为崔述鸣不平："半生辛苦文几篇，才高可惜夫人识。"陈履和作为弟子，他的所作所为，让一位大师的作品显于后世，而且将师母作品一并收入，成就了一对纸上鸳鸯，他们琴瑟相和，令后人歆羡不已。

其实古代门生谒师，顺便再拜见一下师母，算是一种礼节。民国夏仁虎《旧京琐记》载："妇女见客，非特旗族为然，土著亦有之。门生谒师，固无不见师母者。"时间长了，与师母打成一片，说说笑笑，甚至称赞几句，拍拍师母的马屁，并不过分。

清代陈恒庆于《谏书稀庵笔记》中记录了这么一个故事：清时，有个穆将军想在福州军方谋得一份肥差，可惜将军家贫，无钱打理中间关系，于是找到陈恒庆的导师锡尚书先生借钱，锡尚书生性慷慨，就借了四万金，将军信誓旦旦表示，不出两三月即归还。不料穆将军谋得此职不久后就得病死掉了，本来手头也拮据的锡尚书，一气之下也毙命了。可这笔债务还得还啊。于是师娘嘱托陈恒庆一起筹划，陈便有了与师娘近距离接触的机会，他在笔记中这样夸赞师娘，"时年未满四旬，举止娴雅，有大家风范"。瞧瞧，是不是写出了师娘的"优美感"呢。

清人朱彭寿在其《安乐康平室随笔》中讲述了他与江苏徐州府知府张子虞的故事。光绪丙戌年（1886年），十七岁的朱彭寿在扬州备考，得到了张子虞的指导，朱中举后去北京会试，当时张导师正在翰林院，他们便有机会频繁交往。"特招寓书斋，备蒙饮食教诲，看馔精洁，皆师母吴夫人手自料理，自春徂秋。"朱彭寿常去导师家里做客吃饭，而且特意强调，那些可口的饭看，皆出自母师之手。且不说两人交往都聊些什么，有什么裨益，至少师母一顿又一顿的美味，加深了两人的情谊，正所谓"过从甚密，情谊之笃，殆如骨肉至亲焉"。

给弟子们好吃的饭菜，就等于往他们嘴上抹了糖蜜，说话也自然甜腻得不行。我们来看看钱穆笔下的"师娘"，被弟子们夸疯了。钱先生在《八十忆双亲师友杂忆》中称，先父开馆召徒授学，弟子盛兴，多的时候有十多人，少亦六七人，"群住素书堂后进西边空屋"，这么多弟子，管了住还要管吃，"家无婢侍，由先母掌膳食"，人手不够，还要邀"亲族中贫苦者一两人相助"，"诸生竞称师母贤能。数十年后有来者，犹称道不绝"。钱穆还称，其每隔一两月去上海谒师。每次去会待上三四天，"必长谈半日或竟日"，住也导师家，吃也导师家，"一方桌居中央，刀砧碗碟，师母凭之整理菜肴"。想必师母的手艺不错，难道像这样贤惠的师母不值得弟子们称赞吗？

当然，师娘的饭也不是白吃的，夸几句，导师也开心，从某种意义上讲，能增进导师与师娘之间的感情。有必要的话，再给师母送点礼物，也是符合常情。如清末学者刘体信在《苌楚斋随笔》一书中，记录了粤西蒋霞舫与先文庄公之间的师生情谊，先文庄公任川督时，"仍岁寄羔币，以奉师母"。羔币，即小羊和帛，虽说未必给师母真的寄羊与帛布，但时时寄点川蜀之地的土特产什么的，也正常不过了。

重点参阅书目

《礼记》

《汉书》

《后汉书》

《史记》

《新唐书》

《宋史》

《资治通鉴》

《明实录》

《避暑录话》

《邵氏闻见录》

《扬州画舫录》

《三朝北盟会编》

《北狩行录》

《梦粱录》

《东京梦华录》

《东坡志林》

《东轩笔录》

《事林广记》

《武林旧事》

《巢林笔谈》

《太平广记》

《宋元学案》

《本草纲目》

《元明事类钞》

《山家清供》

《齐东野语》

《酉阳杂俎》

《清异录》

《宋会要辑稿》

《饮膳正要》

《鹤林玉露》

《广卓异记》

《高僧传》

《历世真仙体道通鉴》

《随园食单》

《阅微草堂笔记》

《耳书》

《三苏年谱》

《欧阳修集编年笺注》

《王安石年谱长编》

《玉楮诗稿》

《剑南诗稿》

《冒辟疆全集》